新烹饪系列规划精品

SHIPIN DIAOKE YU PANSHI SHEJI

食品雕刻与盘式设计

主　编　庄永全　朱诚心
副主编　张佑明　郝建琪　任爱臣
参　编　祝红梅　吕　琦
　　　　谢　欣　何志贵

中国商业出版社

图书在版编目(CIP)数据

食品雕刻与盘式设计/庄永全，朱诚心主编．—北京：中国商业出版社，2017.4

ISBN 7－5044－5721－3

Ⅰ.食…　Ⅱ.①庄…②朱…　Ⅲ.食品一装饰雕塑一教材②食品一造型设计一教材　Ⅳ.TS972.11

中国版本图书馆 CIP 数据核字(2006)第 102554 号

责任编辑:唐伟荣

中国商业出版社出版发行

010－63180647　www.c－cbook.com

(100053　北京广安门内报国寺 1 号)

新华书店经销

北京市书林印刷有限公司印刷

*　*　*　*　*

787×1092 毫米　开本:1/16　印张:8.25　字数:180 千字　彩插 18 页

2017 年 4 月第 2 版　2017 年 4 月第 1 次印刷

定价:32.80 元

*　*　*　*

(如有印装质量问题可调换)

编写说明

“民以食为天”，中华美食文化源远流长。近年来我国各地餐饮服务市场尤为繁荣，据《中国职业技术教育》杂志报道：目前我国有400多万家餐饮企业，2200万从业人员，收入连续多年以两位数增长，烹饪行业教育市场很大。针对目前烹饪餐饮人才需求特点，全国职业培训教学工作指导委员会商贸专业委员会邀请了全国烹饪餐饮专业教学较突出的职业院校，在江西省井冈山召开了教学研讨会，及时地编写了这套烹饪系列教材。

在本系列教材的编写过程中，喜逢国务院在北京召开全国职业教育工作会议，根据会议精神指示：**大力发展中国特色的职业教育，以服务社会主义现代化建设为宗旨，培养数以亿计的高素质劳动者和数以千万计的高技能专业人才，努力实现我国职业教育发展新跨越。**为此，我们又对该系列教材加以完善和充实。本着“够教、够学、够用”的原则，以专业基础课和专业实训课为主而编写的。

本系列教材主要具有以下几个特点：(1)严格按照“双纲”制的新模式编写，即教育部职业教育教学大纲及劳动和社会保障部专业职业资格技能考试大纲；(2)学科设置采用专业理论和实训并举，突出烹饪专业人才培训的特点，部分学科理论与实操课程比达到1∶2；(3)整套教材是由多年一线教学教师精心编写，并采取“互动式”教学方法的新模式，突出教材活泼性和实用性的特点；(4)引进与创新并重，积极引进新内容和新方法，具有一定的创新和改进，突出教材前瞻性特点。

《食品雕刻与盘式设计》教材结合我国当前对高技能、复合型、紧缺型人才需求的实际状况，以培养中高技能型的烹饪人才为主导，着重介绍食品雕刻与盘式设计的基本知识、食品雕刻技艺、盘式设计技艺、果盘技艺以及冷菜拼摆技艺。遵循继承发展与创新的原则，突出反映烹饪学科领域的新知识、新成果、新应用和新趋势的“四新”内容。做到兼收并蓄，不拘一格，旨在体现烹饪知识的前瞻性、创见性、科学性和实践性及学科间的交叉与渗透。

《食品雕刻与盘式设计》是烹饪系列教材之一，可作为中、高等职业院校烹饪、旅游、餐饮管理等专业教材，也可作为烹饪技师培训和餐饮行业职工培训教材。

本书由西安商贸旅游学院高级讲师庄永全副院长，徐州市技师学院高级讲师、高级技师朱诚心任主编；西安商贸旅游学院讲师、高级技师郝建琪、济南技术学院计师张佑明任副主编；参加编写的有西安商贸旅游学院讲师祝红梅，济南技术学院讲师吕琦，广西商业高级技师学院（桂林）讲师谢欣、技师何志贵。第一、二章由庄永全、郝建琪编写，第三章由何志贵编写，第四章第1、2、3、4节由张佑明、吕琦编写，第四章第5、6、7、8、9节由朱诚心编写，第五、六、七章由祝红梅、谢欣编写。全书由庄永全总纂。

本系列教材在编写过程中，得到编者所在院校的领导及同事的热情帮助和大力支持，以及全国职业培训工作委员会商贸专业委员会主任、教育部商业行业教育教学指导委员会副主任康书民同志的指导和帮助，在此一并致谢。本书编写过程中，我们参阅了大量的书籍，在此对原作者深表谢意。

由于编写时间仓促，疏漏之处在所难免。我们企盼在今后的教学实践中，能有所改进和提高，恳请读者不吝赐教，以便进一步修订，使之日臻完善。

烹饪系列教材编委会

2017 年 4 月

目　录

第一章 食品雕刻与盘式设计概述

● **本章学习重点**

通过学习，要求重点掌握食品雕刻与盘式设计的概念；了解食品雕刻与盘式设计的形成与发展的历史；较熟练掌握食品雕刻与盘式设计的地位与作用。

● **本章教学目的**

通过对本章的学习，初步了解食品雕刻与盘式设计的形成与发展历史；在掌握食品雕刻与盘式设计的概念基础上，重点掌握二者在中国烹饪发展史上的地位和作用。

食品雕刻与盘式设计是中国烹饪文化的重要组成部分，是中国烹饪文化百花园中色彩艳丽的艺术奇葩。食品雕刻与盘式设计技艺被广泛用于餐饮行业，对菜肴质量乃至餐饮企业的经济效益产生了重要影响，已成为厨师和餐饮经营者、餐饮管理者提高菜肴质量或企业效益的重要手段之一。掌握食品雕刻技艺与盘式设计技艺是每个烹饪工作者不可忽视的一项重要技艺。

食品雕刻是指运用各种刀具、刀法，将食品原料雕刻成具有实物形象特征造型作品的一门技艺。食品雕刻的目的是为了装饰、美化菜点，烘托宴席气氛，增进食欲，使人们在品尝美味佳肴的同时得到一种艺术美的享受，即在“饱口福”的同时“饱眼福”。

盘式设计是指对菜肴和点心从装盘技艺方面进行精心设计的盘边装饰技术。盘式设计的目的，主要是提升菜点的造型艺术，增加宴席过程中食趣、情趣、雅趣和乐趣，以起到美化、包装菜点的作用。

第一节 食品雕刻与盘式设计的形成与发展

我国食品雕刻与盘式设计技艺，历史悠久，可以追溯至四千多年前。先民信奉天神旨意、祖学魂灵和各种祭祀活动。当时最高统治者运用诸如牛鼎、鹿鼎等祭器（也是饮具和食器）来供奉祭品，祭祀他们的先祖，所以古籍书《礼记·表记》中有：“殷人尊神，率民以事神，先鬼而后礼”的记载。在祭祀之后，所有参加祭祀的人，便围在那些装满食物的祭器房分享祭品。在祭祀神祖时，有一种祭品食物叫“饤”，据先秦《礼记》记载，这种“饤”是指堆叠在器皿的菜蔬果品，一般只供陈列而不食用，它便是最早的花色冷拼和盘式设计。春秋时期的《管子》一书云：雕卵然取之，所以发积藏，散万物。其中提到的“雕卵”，即在蛋壳上刻上花纹来美化菜品，便是我国最早的食品雕刻。

隋唐时代，食品雕刻技艺和盘式设计有了很大的发展 。如隋炀帝杨广南巡江都时，地方官进献了一款“鲈鱼脍”使隋炀帝食后称赞不已，说此菜是“东南佳味”。“鲈鱼脍”即是精致的冷菜盘式设计，后被移入宫廷，称为“金齑玉脍”。据《大业拾遗记》记载，制作此菜时，选用下霜时节打捞的大条松江鲈鱼，剥皮去骨，取肉切片，调以佐料腌渍，再配香柔花叶或金橙丝拼码而成，因香柔花叶和金橙都是金色的，故有“金齑”之称，又因鲜鱼肉洁白如玉，故称“玉脍”。唐朝韦巨源招待天子的《烧尾宴食单》中，就有用五种肉类拼制设计成的“五生盘”，就是用羊、猪、牛、熊、鹿五种肉制熟拼装的一道名菜;另一道名菜叫“八仙盘”，后面注明“剔鹅作人副”，即用鹅肉拼出图形。等等，均体现了高超的盘式设计技艺。陶谷《清异录・馔馐门》还记载了古代大型风景冷盘“辋川图小样”的制作过程。“比丘尼梵正，庖制精巧，用鱼、霍脍脯，醢酱瓜蔬，黄赤杂色斗成景物。若坐及二十人，则人装一景，合成辋川图小样”，文中的辋川是条溪流，在陕西省蓝田县南部，源出秦岭北麓，景色很美。五代的尼姑梵正，制作的菜肴十分精细巧妙。她用腌鱼、炖肉、肉丝、肉脯、肉茸、酱瓜、菜蔬等不同颜色的食品，组成景物拼盘。如座上有二十位客人，就每人一只风景盘，二十个盘子合起来，就构成了唐代著名诗人王维晚年隐居到这里“辋川别墅”的图景模型画，称“辋川图小样”，菜肴与造型艺术融为一体，图案中有山水、花木、庭院、馆舍。可以说一千年前比丘尼梵正是我国有记载的第一个大型风景式花色冷拼和盘式设计的创造者。可见，那时的冷菜制作，冷菜拼摆和盘式设计已达到一定的水平。

宋代以后，冷菜的制作工艺更为精湛，而且在民间盛行。《齐民要术》、《吴氏中馈录》等古籍记载了很多有关冷菜的烹调方法。宋代的食品雕刻，成为当时宴席上的时兴之作，形成一种风尚和时尚。据《东京梦华录卷八・七夕》记载，北宋汴京当时每年一到“七夕”，即相传牛郎和织女鹊桥相会的日子，人们就要将“瓜”雕刻成花样，谓之花瓜。又以油面糖蜜造为笑靥儿，谓之果食。花样奇巧百端。南宋大臣张俊在绍兴二十二年十一月孝敬宋高宗的筵席中也有大量的雕刻食品，据《武林旧事》所载的食单中有雕花蜜 一行:“计有十二味，雕花梅球儿、红消花、雕花笋、蜜冬瓜鱼儿、雕花红团儿、木瓜大段儿、雕花金橘、青梅荷叶儿、雕花姜、蜜笋花儿、雕花枨子、木瓜花儿。”这份食单表明，当时雕刻的食品原料已扩展到了水果蜜饯，雕刻图案也多种多样，为现代食品雕刻的发展奠定了较为坚实的基础。

据《山家清供》记载:宋时谢益斋将雕花的香缘，剖成两只杯子温御酒飨客，雅趣横生，清香四溢。这又是当时食品雕刻的新发展，不仅可以供观赏，为宴席增色，而且创造出一种全新的餐具，成为“冬瓜盅”、“西瓜盅”、“南瓜盅”的先导，对后世“瓜果盅类”菜肴的设计产生了深远影响。

明清时代，食品雕刻和盘式设计技艺日臻完善，并不断有新的发展。其代表作品“满汉全席”代表了当时烹饪的最高水平，其技艺已达到非常高超的水平。这一时期，很多工艺手法已成为专门制作冷菜、冷拼、食品雕刻、盘式设计的技术而独立出现。如酱法、卤法、糟法、醉法、拌法、腌法等，并且用于制作冷菜、冷拼的原料和盘式设计有了很大的扩展。所有原料包括各种动、植物及山珍海味等原料，均可制作冷菜，用于盘式设计。《扬州画舫录》中关于“西瓜灯”的记载，表明食品雕刻已采用凹凸雕、镂空雕等多种刀法，将萝卜、土豆等多种果蔬雕刻出各种人物、花鸟、山水、鱼虫等形态。康熙雍正年间的著名文人黄之隽的《西瓜灯十八韵》曰“瓣少瓤多方脱手，绿深翠浅但存皮。纤锋刻出玲珑雪，薄质雕成宛转丝”。这充分说明了在明清时期，食品雕刻和盘式设计技术已达到了非常高超的水平。

随着历史发展，我国冷菜、冷拼、食品雕刻与盘式设计技艺也在不断提高和发展。改革开放以后，我国餐饮业和烹饪技术得到迅猛发展。尤其是近年来，快速发展的食品雕刻和盘式设计技艺，成为展示中国精湛烹饪技艺的一颗耀眼明珠，不断推进中国烹饪技术发展，使之展现出空前繁荣的景象。烹饪工作者在继承、发扬我国传统烹饪工艺的基础上推陈出新，创造出更为精湛的技艺，使盘式设计艺术更加绚丽夺目。

第二节　食品雕刻与盘式设计的地位与作用

食品雕刻与盘式设计不仅在菜肴制作和筵席中有独特作用，而且在中国烹饪发展史上占有重要地位。它在中国烹饪艺术中，越来越显示出独特的地位和作用。

一、食品雕刻与盘式设计的地位

（一）食品雕刻与盘式设计是我国烹饪技艺中重要的组成部分

食品雕刻选料越来越多，种类越来越广。已由过去的果蔬雕，发展到冰雕、黄油雕、巧克力雕、糖雕等，其成品被广泛用于冷菜、冷拼与热菜制作，并且单独地形成一个烹饪艺术门类，独具特点。而盘式设计近年发展很快，它需要综合冷菜、冷拼、食品雕刻及热菜、面点技艺。作为一门新兴的技术，越来越被业内人士看好。食品雕刻与盘式设计技艺已成为中国烹饪技艺的重要组成部分。

（二）食品雕刻与盘式设式是我国菜点制作与筵席制作的重要组成部分

中国菜点流派众多，代表性品种繁杂，烹调方法各异，调味方味不同，形成各自的鲜明特点，与菜点相配套的冷菜、冷拼、食品雕刻、盘式设计也自成体系，成为菜点制作与宴席制作的重要组成部分。一个菜点有了合理的装饰和美化，能起到锦上添花的作用；一桌筵席，有了合理的食品雕刻的点缀和科学的盘式设计，更能达到意想不到的烹饪效果，给人们带来物质和精神的极大享受。食品雕刻与盘式设计已成为菜点制作与筵席制作不可或缺的重要组成部分。

二、食品雕刻与盘式设计的作用

（一）全面展示菜肴美、筵席美

筵席在设计制作中，每一道菜肴都应该进行精心设计和制作，尤其是在盘式设计中更应该重点推敲。若筵席菜肴盘式设计科学合理，辅之以精美的食品雕刻作品，则更能彰显筵席美、菜肴美。色、香、味、形、质、器俱佳的菜肴作品，一旦展示在餐桌上，就能发挥“特色品牌”的作用，活跃整个筵席气氛，使人心旷神怡，兴趣盎然，食欲大增，对展示菜肴美、筵席美会起到重要作用。

（二）繁荣餐饮市场，提高企业知名度

餐饮市场各地风味流派纷呈，特色鲜明。食品雕刻与盘式设计在日益竞争激烈的餐饮市场越来越显示其独特的魅力，具有很强的技艺展示性。不仅成品可以在橱窗陈

列展示，而且在餐饮企业的“明档”、“亮灶”也可大展厨艺，以展示企业的招牌菜、特色菜和厨师的看家菜、拿手菜。还可以在促销活动和美食节中制作主题展示，展示企业的品牌形象，突出企业的经营面貌，对提高企业的知名度，招徕顾客，加快企业的发展具有重要意义。

（三）弘扬祖国传统文化，增进中外艺术交流

食品雕刻和盘式设计技艺是我国烹饪文化的一部分。不论从它的历史发展还是现代实际情况看，一直受到中外人士的青睐。食品雕刻技艺是祖国烹饪艺术的一朵奇葩，对食品雕刻技艺的尊崇不知征服了多少中外友人，精妙绝伦的作品可以和真正的石雕、木雕、根雕作品相媲美，这是炉火纯青精湛烹饪技艺的真谛。加强食品雕刻的研究与开发，对弘扬祖国烹饪文化，增进中外烹饪艺术交流会起到积极作用。

（四）繁荣经济，促进烹饪的全面发展

食品雕刻、盘式设计已成为烹饪工艺的一个重要门类，受到顾客喜欢。每每遇到鲜活的雕刻作品，顾客更是爱不释手，使食品雕刻艺术显示出更大的发展空间。随着经济的发展，餐饮业亦向更高层次发展，顾客也在不断要求越来越好的菜肴和作品出现。勿庸置疑，食品雕刻、盘式设计技艺将在繁荣经济，促进顾客消费方面发挥更大的作用，也必将推动烹饪的全面发展。

案例分析

烹饪专业学生往往在学习中，重视热菜制作，而忽视食品雕刻的学习，这是一种偏颇，这种思想是错误的。一名好的厨师或是一名合格的学生，在学习中应该认真对待每一门课程的学习。喜欢学习热菜制作，固然重要，但作为一名合格的厨师不仅应该懂理论，具备娴熟的烹饪专业技能，而且还应该熟练掌握食品雕刻技能。只会热菜操作而不会食品雕刻，或只会食品雕刻而不会热菜制作，肯定不能适应现代的餐饮和厨房工作。只有练好烹饪基本功，全面掌握各项技能才能成为一名合格的学生和一名好的厨师。

◆ 复习思考题

1. 什么叫食品雕刻和盘式设计？
2. 简述食品雕刻和盘式设计的形成和发展历史。
3. 食品雕刻与盘式设计的地位是什么？
4. 食品雕刻与盘式设计的作用是什么？
5. 为什么说食品雕刻对繁荣餐饮市场，提高企业知名度方面具有重要意义？
6. 怎样展示菜肴美和筵席美？

第二章　食品雕刻的基本知识

● **本章学习重点**

通过学习，要求了解食品雕刻原料的种类，熟悉各种原料的用途；掌握食品雕刻的常用刀具和用法；在理解食品雕刻基本方法概念的基础上，能够熟练运用这些方法进行雕刻；并对食品雕刻作品进行较好的保存，熟练地将食品雕刻的作品用于凉菜、热菜的装饰。

● **本章教学目的**

通过对本章的学习，理解食品雕刻工具对食品雕刻作品质量的重要性，把握食品雕刻的用料和食品雕刻的基本方法，并对食品雕刻的种类有初步认识，重点掌握食品雕刻的保管方法和应用，为后面的学习准备好基本理论知识。

第一节　食品雕刻的原料与应用

原料是食品雕刻的基础，可用于食品雕刻的原料很多。植物性原料有根菜类、茎菜类、瓜果类、叶菜类等；动物性原料有蛋类、肉类、禽类、黄油类等。这些原料，由于质地、色泽、产地、上市季节、品种等方面的不同，在雕刻时可因时、因地、因需制宜，适当选择原料。

食品雕刻原料分为：生原料、熟原料和其他原料。

一、生原料

（一）根菜类原料

1. 白萝卜

白萝卜又分普通白萝卜和象牙白萝卜等品种。普通白萝卜呈长圆筒形，表皮光滑，个体较大；象牙白萝卜呈长圆形，质地嫩而细密，颜色洁白。可雕刻花卉、花瓶，以及整雕的鸟、兽、虫、草、人物、亭阁等。

2. 红萝卜

红萝卜即红皮萝卜、红皮白肉萝卜，水分较少，易糠心，为球形或长圆形，个体大肉原。质地洁白紧密，所以用于食品雕刻效果较好，既可以像白萝卜一样用于雕刻作品之主体部分，还因其有一层鲜红的薄皮，能刻出美丽的红白相衬的花卉、图案等形象。

3. 心里美萝卜

心里美萝卜呈长圆形，皮细，上部浅绿色，下部白色，肉质呈粉红、玫瑰红或紫红色，内心紫红。心里美萝卜具有艳丽的天然色彩，恰与某些花卉相似，所以雕刻出的花卉逼真，如紫玫瑰，紫月季、牡丹、菊花等，是雕刻花卉的理想材料。

4. 青萝卜

青萝卜又称卫青萝卜、青皮脆。体呈椭圆或长圆形。其特点是皮和肉均为翠绿色，常用来雕刻绿色的菊花、牡丹、孔雀、螳螂、蝈蝈及羽毛为绿色的小鸟等。

5. 胡萝卜

胡萝卜俗称红萝卜、丁香萝卜。胡萝卜肉质细密，呈圆锥形，皮色有红、黄、白等，以红、黄色为多。是雕刻菊花、月季花、牵牛花、喇叭花、梅花、金鱼、绣球等理想的原料。也常被用来刻制各种花卉的蕊，以及多种飞禽的喙、爪以及各种点缀性图案等，是一种用途广泛的刻花原料。

6. 红菜头

红菜头也叫甜菜，通称糖萝卜。红菜头皮和肉质均呈玫瑰红、深红色或紫红色，色彩浓艳润泽，间或有美观的纹路，是雕刻牡丹、菊花、蝴蝶花等花卉的理想原料。

（二）茎菜类

1. 马铃薯

马铃薯又称土豆、洋芋、洋山芋，有的地方也叫山药蛋等。马铃薯种类很多，我国现栽培品种，外形有球形、椭圆形、扁平形、细长形；表皮有黄、白、红色；块茎肉质有白、黄两色，以白色为常见。马铃薯没有筋络，肉质细腻，以肉色洁白者用途较普遍。适用于雕刻花卉、动物和人物等作品。

2. 甘薯

甘薯又名白薯、红薯、山芋、番薯等。甘薯皮薄，呈粉红色或浅红色，肉质颜色有白、淡黄、黄、杏黄、桔红等，质地细韧致密。适用于雕刻中小型花卉，如月季花等，也可以制作动物、人物。

3. 生姜

生姜简称姜。生姜块肉质淡黄，纤维细致，肉质细嫩、细腻。可做各种小型花卉和动物图案，亦可切细，做荷花卉的花蕊等。

4. 圆葱

圆葱又称洋葱、葱头。圆葱鳞茎肉质结构，有白色、浇紫色和微黄色，形状有扁圆形、球形、纺锤形。圆葱质地柔软，略脆嫩，有自然层次。可用以雕刻荷花、睡莲、玉兰花等花卉。

5. 莴苣

莴苣又名莴笋、青笋、莴菜。莴笋茎粗壮肥硬，外有绿、紫两种。肉质细嫩且润泽如玉，多翠绿，亦有白色泛淡绿的。可以用来雕刻各种花卉、动物、人物等。

（三）瓜果类

1. 黄瓜

黄瓜又名胡瓜，也称青瓜。常见的有青皮带刺黄瓜、白皮大个黄瓜、青白皮黄瓜、白皮短小黄瓜等品种。黄瓜质地脆嫩，形细长，肉质翠绿，皮色鲜艳。适用于带皮雕刻成各种小型花草、昆虫，如梅花、喇叭花等。黄瓜皮可以单独制作为雕刻、拼摆的平面图案，也可以根据需要与其他原料配合使用。

2. 番茄

番茄又称西红柿、洋柿子、番柿。番茄为浆果，颜色有大红、粉红、橙红和黄色。形状有圆形、扁圆形、椭圆形、卵圆等。番茄色泽鲜艳光亮，成熟时，皮、肉颜色一致。因其果肉较嫩多汁，无法刻制出复杂的形象，只能利用其皮和外层肉进行简单造型花卉，如荷花、单片状花朵等。除此以外，还可以作拼摆图案的拉花材料及用作小盅器皿等。

3. 冬瓜

冬瓜又名白冬瓜。冬瓜按果实形状可分为扁圆形、短圆柱形和长圆柱形。冬瓜形体硕大，内空，皮呈暗绿色，肉质白净。冬瓜通常主要用来雕刻大型作品，如瓜盅、花蓝、龙舟等，亦可雕刻花卉。冬瓜还常被用于制作热菜的“菜壳”，里面可酿入动物性原料。

4. 茄子

茄子亦称落苏、昆仑紫瓜等。其形状有圆形、卵形和长圆形三种，颜色有黑紫色、紫色、浅紫色、白色和浅绿色，茄肉为白色。茄子肉质软而有弹性，可单独用来雕刻花卉等，亦可用茄皮色彩做为其他造型物的装点色。

5. 西瓜

西瓜为大型浆果，呈圆形、长圆形、椭圆形、四方形。西瓜品种很多，按其外表颜色可分为绿色皮瓜、黑皮(皮为深绿色)瓜和花皮瓜，由于其果肉水分过多，故一般是掏空瓜瓤，利用瓜皮雕刻西瓜灯或西瓜盅。西瓜瓤亦可用于雕刻动物作品。由于西瓜皮外表和肉质的颜色一般有深浅差别，故常取整个瓜在其表皮上进行刻画制作，镂空的西瓜灯更具有较高的艺术欣赏价值。

6. 南瓜

南瓜又名倭瓜、番瓜、北瓜。按形状可分为扁圆形、梨形和长形，长形南瓜有牛腿瓜或象腿瓜之称。南瓜嫩时为绿色，成熟后按品种外皮可分为棕黄色、黄绿色或赤褐色等。瓜肉呈中黄色。南瓜肉质硕大肥厚，可以用来雕刻大型食雕作品。牛腿瓜的上端为实心不是中空含瓤的，所以是极好的雕刻材料。可用作雕刻各种黄颜色的花卉，如菊花、玫瑰、月季、牡丹及立体凤、立体孔雀等等。此外，南瓜也是雕刻龙、牛、马、狮、虎等大型动物，以及人物、篓、编织类造型和亭台楼阁及车辆的好材料。

7. 笋瓜

笋瓜又称白瓜。笋瓜形长圆，表面光滑，肉质细密，外皮与肉质颜色一致，有纯白色、黄白色和青白色。可用以雕刻花卉、人物、动物、亭台楼阁，亦可用来做其他造型物的基座。

8. 辣椒

辣椒又名辣子、海椒、辣角、番椒等。辣椒有长角、圆锥、圆形等形状。未成熟时浓绿，熟后则有红、黄、紫等色泽，以红为多见。个头小，辣味足，主要用作调料，亦可雕刻成小型花朵。甜椒又称柿子椒、青椒，个头较大，果实翠绿，成熟时呈大红色，色彩鲜艳饱满，外表富光泽，但因其肉质不丰厚，且内空，故不能用作造型复杂的雕刻原料，可用以小型整雕青蛙或雕刻单层瓣（最多双层瓣）的花卉。由于其色泽优美，常用来作拼摆和平面雕刻的材料，也是装点其他造型物的材料。

9. 西葫芦

西葫芦呈长圆形，表面光滑，外皮为深绿色，间或黄褐色，肉呈青白色或淡黄色，肉质较南瓜、笋瓜稍嫩。可用以雕刻花卉和动物、人物、山水风景等。

10. 樱桃

樱桃又名莺桃、中国樱桃。小圆果，皮肉均呈鲜红色。樱桃可刻制小花，尤其是拼摆梅花或用作装点的好材料。

另外，甜瓜、菜瓜、苹果、柑桔、火龙果、菠萝、猕猴桃等都可视情况作为食品雕刻的原料。

（四）叶菜类

叶菜类原料主要是白菜，又称大白菜，有的地方称黄芽芽、黄秧白。一般使用时去外帮，去上半截叶子，留下半截靠根部的菜梗使用。梗虽脆嫩多汁，但由于纵向纤维较多，故施刀时其组织不易脱落。颜色有青白、黄白两种，色泽清爽淡雅，有自然层次。常用来作为雕刻菊花等花卉的原料，也可用作花卉、花盆及人物造型衣裙的填衬物。

另外叶菜类原材，如葱、香菜，芹菜、小白菜、空心菜、茴香、韭菜、菠菜等也常用于点缀和装饰雕刻成品。

二、熟原料

（一）蛋类

蛋类有鸡蛋、鸭蛋、鹅蛋、松花蛋、鹌鹑蛋、鸽蛋等，这些原料通过加热成熟后能雕刻花蓝、荷花、小鸡、小鸭、金鱼、玉兔、白鹅、小猪等。

（二）鸡蛋糕

用鸡蛋制成蛋糕有黄、白、黄、红和绿色。要选用一定面积和厚度，质地均匀细腻着色一致的原料。可用于刻龙头、凤头、亭阁等物，以及简单的花卉。

（三）肉糕

肉糕有午餐肉、鱼泥肉糕等。这类的原料雕刻要求粗线条，主要显示轮廓，如宝塔、桥等，还可做辅助性原料，如翅羽、长羽及羽毛等。

（四）豆腐

豆腐富含蛋白质，营养价值极高。豆腐放入水中雕刻成龙凤呈祥、雄鹰展翅、金鱼戏莲等豆腐雕作品极具欣赏价值。

（五）琼脂

琼脂，是近年来才使用的一种新型食品雕刻原料。将琼脂加水浸泡透后，捞起放入锅内加极少量的水熬至溶化（或放入盆内加盖蒸至溶化），倒入备好的容器中，凉透后即可用于雕刻（亦可根据需要加入适量色素）。琼脂雕刻方法与瓜果雕刻相同，可用于雕刻大型的人物、动物等。其作品色泽鲜艳，如美玉一样，晶莹透明。琼脂材料还可以反复使用。

三、其他原料

在雕刻原料中还常使用一些奶油、冰块、白糖、巧克力、葡萄糖、柠檬等，这些原料经改刀或模具挤压，常用于点缀、衬托。

第二节　食品雕刻工具的种类与应用

一、食品雕刻工具的种类

“工欲善其事，必先利其器”，要学好或做好食品雕刻，应事先准备好一些必需的雕刻工具，主要是各种刀具。由于各地区的不同，雕刻风格及手法不同，雕刻的工具种类也不一样，故食品雕刻的刀具目前尚不统一。用于食品雕刻的刀具以锋利、灵便为原则，宜轻薄而不宜沉重、厚笨。制作雕刻工具的材料多为不锈钢、铜皮及其他金属材料制成。常用刀具大致分为刻刀具和模型刀具两大类。

(一)刻刀类

刻刀类主要有直头平面刻刀、直头弧面刻刀、弯头刻刀等。

1. 直头平面刻刀。直头平面刻刀为长形斜口尖刃(见图2－1)，刀口长为7～8厘米，后部柄宽为1.5厘米。直头刻刀是蔬菜雕刻最主要的工具，多种花卉的花冠、鸟兽、人物造型等均需用直头刻刀雕刻。

图2－1

2. 直头弧面刻刀。长宽与直头平面刻刀同，只是其刃面的横断面略呈弧形(见图2－2)。其用途主要是用来旋剜、镂刻圆形及弧形孔或雕刻呈圆形或弧形的部位。

图2－2

3. 弯头刻刀。短形斜口尖刃，刃面与刀把成一钝角，约为150°为宜(见图2－3)。

4. 斜口刻刀。长约15厘米，刀口与刀背夹角为45°左右，两端刀刃宽度不一，主要用于浮雕中的各类瓜盅和瓜灯(见图2－4)。

图2－3

图 2－4

(二)模型刀具

1. 梅花模具。梅花模具两头有刀刃，呈梅花瓣状(见图 2－5)。五瓣花朵，主要用于刻梅花、桃花(平面时)花片，多用于点缀围边。

图 2－5

2. 空心凤尾刀。凤尾刀长约 5 厘米左右，两头呈桃形，均有刀刃，它又可分 3 种 6 个大小不同的型号(见图 2－6)。空心凤尾刀主要用于戳、挤、压凤凰尾羽和孔雀尾羽等，具体尺寸可根据实际需要而定，大约 17 厘米，小的约 1 厘米。小号的戳片可点缀在鸟眼，单独戳 5 片可对成一朵花。

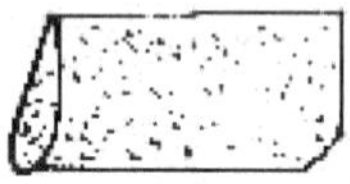

图 2－6

3. 空心模型刀具。它是挤压某些动植物平面图案的专用刀。操作时，可先将原料切成片(或有一定厚度)，然后用模具挤压便可出一片状，或挤压成有一定厚度的雏形，再切成图片形状，以提高工效。这类模具很多，可根据需要制作，如和平鸽、蝴蝶、松鼠、兔、鹿、桃、树叶等(见图 2－7)。

图 2－7

二、食品雕刻工具的应用

(一)平口刀

平口刀总长 15 厘米，刀刃两端宽度分别为 1 厘米、0.8 厘米、0.6 厘米、0.4 厘米、0.2 厘米(见图 2－8)。平口刀刀口平直，主要适宜浮雕去外皮及瓜灯花环等。

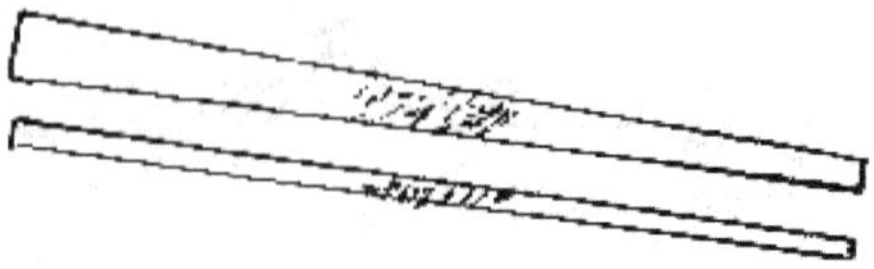

图 2－8

（二）圆口刀

圆口刀刀体长 15 厘米，中部略阔，以便执操，两端设刃，刃口均呈凹状的半圆形（见图 2－9）。每一号圆口刀两端刃口大小各有差异，宽的一端比窄的一端略宽 2 毫米。各号圆口刀刃面的宽度依次如下：

1. 一号圆口刀：宽端 22 毫米，窄端 20 毫米。
2. 二号圆口刀：宽端 18 毫米，窄端 16 毫米。
3. 三号圆口刀：宽端 14 毫米，窄端 12 毫米。
4. 四号圆口刀：宽端 10 毫米，窄端 8 毫米。
5. 五号圆口刀：宽端 6 毫米，窄端 4 毫米。

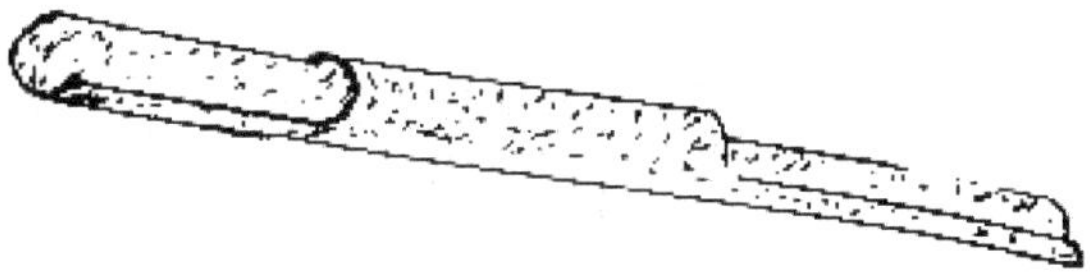

图 2－9

圆口刀在蔬菜雕刻中用途很广。可用于雕刻多种窄瓣花冠，如菊花、西番莲等；可用于雕刻各种造型物的弧形、圆形等部位；可用于打槽、打沟、打孔；也可用于刻制多种弧形、圆形、梅花瓣形等形状的图案。

（三）三角口凿刀

三角口凿刀刀体长 15 厘米，中部略阔，刀身两端有刃，刀口规格不一，两头都可使用。这种三角口凿刀应配有 2～3 把，分大、中、小号，主要用于戳丝、羽毛、菊花等（见图 2－10）。

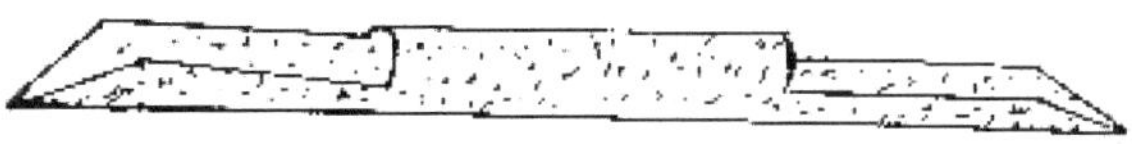

图 2－10

（四）方口凿刀

方口凿刀为刃口横断面两边呈一定夹角的角形口半定型戳刀，其夹角以 90°为宜，两端设刃（见图 2－11）。方口凿刀有大、小两种型号，最大刃阔 10 毫米，最小刃阔 4 毫米：

1. 大号方口凿刀：宽端 10 毫米，窄端 8 毫米。
2. 小号方口凿刀：宽端 6 毫米，窄端 4 毫米。

方口凿刀主要用于瓜盅刻线纹。

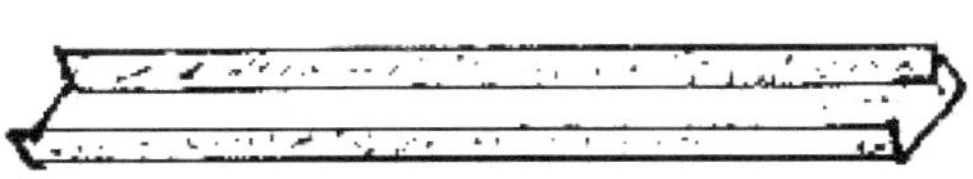

图 2－11

（五）单槽弧线刀

单槽弧线刀一头为刀刃口，一头镶木把，刀口向上弯曲，刀身长为15厘米左右，弧度一般为150°左右，槽深为0.3厘米，宽为0.5厘米（见图2－12）。此刀多用于雕刻一些鸟类的颈部羽毛等。

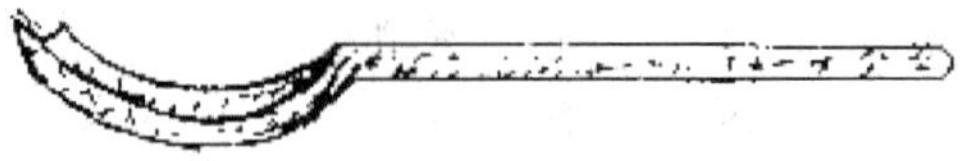

图2－12

（六）多槽弧线刀（又称波浪花刀）

多槽弧线刀是由多个圆口刀槽组成的。刀身高一般为8厘米左右，一头刀刃，一头是圆柱形刀把，刀口处形成槽曲线状（见图2－13）。多槽弧线刀主要用于切割一些浪纹、锯齿形状的片、块。操作简便，形状美观。

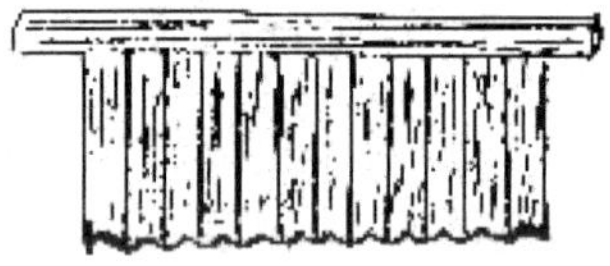

图2－13

（七）圆筒刀

圆筒刀一头粗、一头细，中间空桶形，两头都有刀刃（见图2－14）。圆柱刀主要用于雕刻圆片、花心和串圆片。圆柱刀分大、中、小3种6个型号。

图2－14

（八）动植物模型刀

动植物模型刀，种类繁多，形态大小各异。它是挤压某些动植物平面图案的专用刀，是用不锈钢片制成的一类象形刀具（见图2－15）。操作时，可先将原料切成片（或有一定厚度），然后用模具挤压便可出一片状；或挤压成有一定厚度的雏形，再切成圆片形状，以提高工效。这类模具很多，可根据需要选用，如制作和平鸽、飞燕、海鸥、蝴蝶、金鱼、鲤鱼、虾、玉兔、松鼠、鹿、桃、树叶、荷花、梅花、如意等作品。

图2－15

(九)文字模型刀

这种刀是用不锈钢片制成的汉语文字、英语字母等字样的一类模型刀具。适宜一些宴会中使用。通常为有乐趣而吉祥的文字，如喜、福、禄、寿、禧、生日快乐、欢迎等(见图2－16)。

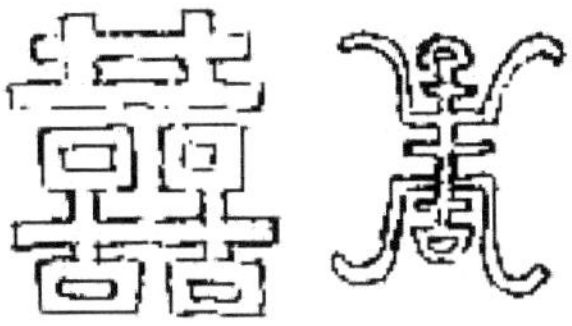

图2－16

第三节　食品雕刻的种类

食品雕刻的种类很多，从原料的表现形式上可分为以下九大类：

一、整雕

整雕就是用一大块原料，雕刻成一个具有完整独立的作品，如龙、凤、孔雀等。它不需其他物体的支持和陪衬，具有独立性和完整性;单独摆设，具有较高的欣赏价值，如菊花、牡丹花等整雕。

二、组装雕刻(指一物体)

组装雕刻是用一种或多种不同的原料，雕刻成某一主题的各个部位，然后再集中组合成完整的主题作品。特点是色调鲜明，形象逼真，雕刻艺术表现力较强。多适用于大型的雕刻作品，如“孔雀开屏”、“雄鹰展翅”、“九龙壁”等。

三、浮雕

浮雕也称凸凹的花纹或图案，适用于西瓜盅、冬瓜盅等。凸雕就是将有用的凸线条留下，无用的空白部分去掉。凹雕与凸雕正相反，就是凹进去的线条留下，皮的部分去掉。凸雕费功，速度慢，但成品效果好，形象逼真。

四、镂空雕

镂空雕就是在原料表面插刻各种花纹图案，去掉其余部分，使原料刻穿成各种透空花纹的雕刻方法。特点是图案玲珑剔透，色彩层次分明，作品艺术表现力强。多适用于各种瓜果类原料，如“西瓜灯”、“龙凤冬瓜盅”等。

五、混合雕刻

混合雕刻即是大型组装雕刻，它是指制作某一大型雕刻作品时，使用多种表现形式，先雕刻，最后再组装完成作品。如“百鸟朝凤”、“八骏图”、“松鹤延年”、“孔雀迎宾”等，都属于混合雕刻大型组装作品。制作这样的作品，有整雕的，有浮雕的，有组装雕刻的，还有背景衬托(如松枝、绿叶等)，最后组装在一起，成为一幅完整的立体图案。这种作品适宜大型的宴会和展台布置以及美食节的布展。由于技术复杂，要求艺术性高，作品表现力强，故制作起来较困难，需要技师有深厚的雕刻功底。

六、奶油雕

奶油雕也称黄油雕，是最早源于西方餐饮的一种食品雕刻。常见于大型自助餐酒会及各种美食节的展台，大约在20世纪中期被引入我国。20世纪末，偶尔出现在北京、上海等大城市的星级饭店及宾馆的冷餐宴会上。推出这种艺术表现形式，可以增加就餐气氛，提高宴会的档次，营造出一种高雅的就餐环境。黄油雕刻并非天然黄油，而是一种人造黄油。人造黄油的品种很多，当然不是每一种黄油都适合黄油雕，因为它们各自的含水量不同。一般来说，做食品雕刻要选用硬度大一些、可塑性强一些的黄油，如专门用于制作酥皮点心及牛角面包的酥皮冰淇淋。这种黄油的可塑性较强，熔点也比较高(能在45℃的气温条件下不熔化)，加之含水量很少，故较容易操作。

七、巧克力雕

小型巧克力雕，是用巧克力块雕刻出各种花、鸟、鱼、虫，逗人喜爱，形态逼真。若是大型巧克力雕，应先做好骨架，然后抹上巧克力，再进行雕刻。

八、糖雕

糖雕是西点中的一项基本功，是用糖粉、葡萄糖、蛋清或白砂糖等经加工后雕刻而成的各种惹人喜爱的象形物。造型大气磅礴，尤其是浮翠、流丹的色彩，令人耳目一新。

九、冰雕

冰是纯水在0℃以下冻结而成的晶体结构。整块冰可以看成是一个大的冰晶分子，具有一定的硬度，清澈透明。冰有天然冰和人造冰之分。天然冰就是江、河、湖、泊、池塘中的水在寒冷的条件下自然冷冻所成的冰。一般块形庞大，质地坚硬，色洁白而透明，使用方便，但使用季节性强，常在冬季用来雕刻大型的宫殿、城堡作品等。人造冰就是运用冰库、冰箱等制冷设备，将水冰冻而成。通常用以雕刻小型雕刻作品，如小型花鸟、动物、人物形象等，或用以装饰餐桌或做看盅、看台，给人以清新、奇特、新颖感觉。

制好的冰雕冰体本身的温度在零下10℃以上为宜。过冷的冰雕置于空气中，空气中的水气会立即在冰雕表面凝结成微冰晶而使冰雕透明度下降。

第四节 食品雕刻的基本方法

食品雕刻的刀法是指在雕刻某些品种的过程中所采用的各种执刀方法。这些刀法区别于热菜与冷菜中所使用的刀法，具有一定的特殊性。具体使用这些刀法，要根据原料的质地、性能及刻品灵活选用。要使刻品成型快，形象逼真，必须勤学苦练，掌握各种刀法，并注意灵活运用。这里介绍几种常用的刀法。

一、切

切，一般用平口刀操作。将原料放在案板上切开，或者是把模型刀刻出的实体模型切成片。在食品雕刻中，切属于一种辅助刀法，如打花的底坯、去皮、选料等，一般不能单独完成雕刻作品（见图2－17）。

图2－17

二、削

削是在进行雕刻前使用的一种辅助刀法。先用刀削出轮廓，这是正式落刀的初步加工，有正削（向外）、反削（向里）之分，削出的原料要符合雕刻成品的外形要求（见图2－18）。

图2－18

三、刻

刻是指用平口刀、直刀操作，落刀成型。刻的刀法一般是直刀，刻的花瓣都是直瓣，所以必须和其他刀法混合使用，才能使成品更加形象逼真（见图2－19）。

图 2－19

四、旋

旋的用途较广，它也是一种基本的刀法。用旋法刻出的花瓣比较自然，具有一定弧度。它有反旋和向下旋刀法，刻月季花最常用(见图 2－20)。

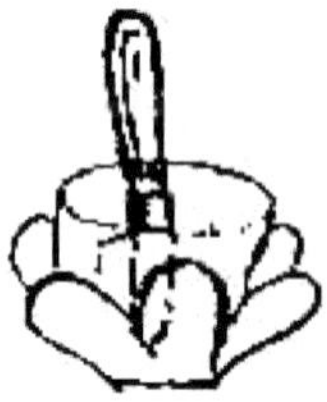

图 2－20

五、戳

戳是指用圆口刀或三角口凿刀在原料上戳出细条状花丝或三角形花瓣，以及动物身上的羽毛。“戳”也可以说“捅”的意思。用右手拇指和食指捏住刻刀，压在中指上来操作。有向下戳和向上戳两种刀法。多用于刻“菊花”等。(见 2－21)

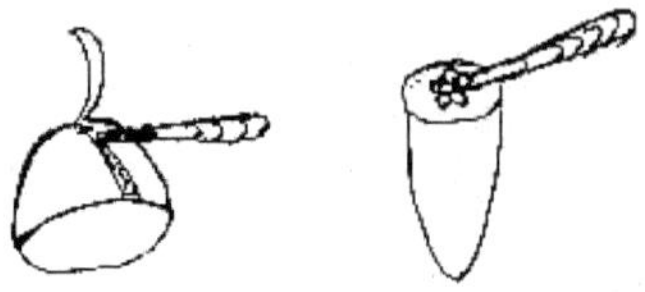

图 2－21

六、挤压

挤压是指用模具将原料压制成实体模型或压成片，用于点缀围边。如挤压“金鱼”、“玉兔”、“飞燕”等。

第五节　食品雕刻的原则

一、食品雕刻的特性

我国的烹调技术历史悠久，经验丰富，是祖国宝贵的文化遗产。而食品雕刻技艺是烹饪技术与造型艺术的完美结合，更是一朵瑰丽的鲜花，被誉为“厨艺杰作”、“艺术珍品”，为驰名中外的中国菜肴起到锦上添花的作用。食品雕刻与工艺美术的雕刻既有共同之处，又有其自身的特性。

(一)构思要新颖、别致，具有特色

雕刻的成品形象适应饮食习俗，生气勃勃，富于生活情趣和时代气息。

在食品雕刻构思中，对各种花、鸟、虫、兽等植物、动物特性赋予了某种自然性格和象征意义。如“牡丹”富贵，“梅花”寒香，“菊花”傲霜，“荷花”高洁，“兰花”幽香，“葵花”向阳，“桃花”艳丽，“孔雀”华贵，“鸳鸯”爱侣，“燕子”报春，“牛”忠诚，“马”勇敢，“鹿”善良，“熊猫”友谊，“猴子”神灵，“大象”沉静，“狮虎”威武，“龙”高贵，“凤”吉祥，“蝴蝶”多福，“金鱼”善舞，“竹子”虚心，“松树”长青等等。

因此，食品雕刻的构思设计，要考虑到场合。要根据筵席及宴会的种类、性质以及就餐对象和生活习惯爱好、季节、原料、设施、环境、时间等方面因素，来进行构思创作。

(二)食品雕刻原料大多选用含水分多、脆性大，质地细密结实，色泽艳丽的瓜果

这些原料日常生活中多见，取材方便，价格较低，便于雕刻。但是这些原料极容易腐烂变质和干瘪萎缩，不宜久放久藏。故应在雕刻中采取有效的措施，注意保藏，以延长使用时间和保持雕刻成品的形状美观。

(三)食品雕刻的工具独特，没有统一规格

食品雕刻的工具尤其是刀具与一般的冷、热菜切配工具和操作方法相比较，有着明显的区别。这些刀具一般都具有轻薄、锋利、小巧灵便的特点，且刀具种类繁多，没有统一的型号和规格。有时雕刻一个作品，往往需用多种刀具才能完成，这是食品雕刻的主要特色。故此，厨师往往根据雕刻作品的需要自行设计制作或选用刀具。所以食品雕刻的刀具常常反映出厨师的雕刻个性和特点。

(四)食品雕刻作品具有独特的魅力和用途

食品雕刻成品应用大体可分为两大类:一类是以欣赏为主，而不作食用，其用途主要是点缀菜肴或布置大型展台，与菜肴造型相映成辉，以烘托气氛，突出艺术魅力；另一类是以食用为主，雕刻作品与菜肴共同构成一个完整形体，如“孔雀开屏”，这种雕刻作品要求有食用性，比例适当，主要起到装饰美，刺激食欲，提高菜肴的艺术感染力。但由于雕刻成品观赏价值高，艺术性强，就餐者一般不舍得下箸，很少有人去食用。

二、食品雕刻的原则

由于食品雕刻的工艺性和艺术性较强，所以制作者要根据不同需要精心构思，精细制作，切忌粗制滥造或雕刻庸俗形象的作品。在食品雕刻操作过程中应注意掌握以下原则：

（一）主题突出，画龙点睛

食品雕刻无论是小型还是大型作品，都需要做到主题鲜明。在菜肴的装饰中，应以菜肴为主，以食品雕刻点缀、衬托为辅，以突出主题为目的，才能起到锦上添花和画龙点睛的作用。若雕刻件过大，不能突出菜肴为主体的宗旨，将失去食品雕刻的意义，降低菜肴的食用价值。在大型食品雕刻的组合中，也需围绕展台的主题进行创作，以突出展台或作品的重点或中心。

（二）刀法细腻，具有美感

食品雕刻从操作工艺来看，主要包括选料和刀工成型以及组装造型等主要工序，但关键还是刀工成型。在食品雕刻作品的制作过程中，作品的成功与否，关键在于刀工处理。一件好的食品雕刻作品，需要好的主题以外，其次就是需要游刃有余的刀工和娴熟、细腻的刀法，这是食品雕刻作品的关键工序和核心技术。只有掌握娴熟的刀法，才能制作出精美的作品，给人以美感和享受。

（三）食用为主，欣赏为辅

以食用为主的食品雕刻作品，必须选用可食性的原料，把食用放在首位，欣赏为辅。要把品种繁多、奇香异彩的冷荤原料按其自然特色、自然形态加以巧妙地雕刻，做成一定的造型，做到既不失食用价值，又能彰显自然和谐美的食品雕刻作品。

（四）欣赏为主，食用为辅

另一类以欣赏为主、食用为辅的食品雕刻成品，在冷菜和热菜的造型中使用非常广泛。如冷菜中“锦上添花”、“凤凰戏牡丹”、“金鱼戏莲”等凉菜拼摆，它们所用的花是不可缺少的，但大多不可食用，其冷拼也多以烘托气氛，少作食用。在热菜中，一般以点缀衬托为主，同时也用于花色造型菜，如“龙舟”、“瓜盅”等，都离不开雕刻，这些虽可食用，但以欢赏为主，以增强食欲，给人美感。另一种是用食品雕刻制作的大型展台，如奶油制作的“二龙戏珠”或巧克力制作的“雄鹰”、糖粉制作的“糖花”、“冰雕长城”等，这些作品主要是烘托气氛，给人以较高的艺术欣赏性，而不作食用。

（五）作品名称，富有寓意

食品雕刻作品在命名时，不像热菜或冷菜的名称命名，往往不注重菜肴的本质和内容，而注重名称的形式和外表，多选择吉祥如意、逗人喜爱、富有寓意的名称。如“龙凤呈祥”、“百鸟朝凤”、“松鹤延年”、“骏马奔腾”、“龙马精神”、“嫦娥奔月”等，但不可牵强附会、滥用词藻。

（六）清洁卫生，食用安全

食品雕刻成品，必须讲究卫生，切不可污染。特别是观赏与食用相结合的食品雕刻作品，不允许用一些不能食用的原料（竹扦、冬青叶等）代替，应用可食用的果蔬作陪衬。在点缀菜肴中，还应做到生熟分开，避免交叉污染。若是需要与菜肴一同食用的雕刻作品，必须加热成熟，做到清洁卫生，食用安全。如“南瓜虾球”中盛放虾球的南瓜盅在雕刻完成后（盛放虾球前）必须事先蒸熟。

第六节　食品雕刻的保管与应用

一、食品雕刻的保管

食品雕刻是经过反复构思、精心设计和制作的作品，能给人以美的享受。但食品雕刻作品大多是含水分较多的原料雕刻成的，如果保管不善，原料自身极容易腐烂变质，降低食品雕刻作品的作用。同时，它又是一件艺术性很强、费功费时的作品，故此，食品雕刻成品必须加以妥善保管和保存，尽量延长其使用时间，尽量保持其新鲜和艳丽的状态。首先应注意食品雕刻原料的保存方法，其次就是成品及半成品的保存方法。

（一）原料的保管方法

1. 时令鲜蔬

时令鲜蔬应置于通风阴凉处，春夏季可保存 3 天左右，秋冬季装入保鲜袋置于 1 ~5℃的冰箱中可保存 10 天左右，原料可保持鲜艳和脆嫩。

2. 水果类

新鲜水果类原料应置于通风阴凉处，春夏季可保存 2 至 3 天，秋冬季置于 1 ~2℃的冰箱中可保存 8 至 10 天，原料可保持新鲜和脆嫩的状态，利于雕刻。

3. 瓜类

新鲜瓜类原料应置于阴凉处，春、夏、秋季可保存 3 至 5 天，冬季装入保鲜袋，置于 1 ~5℃的冰箱内，通常可保存 10 天左右，原料不会因失去水分而变形，有利于成品雕刻。

4. 蛋糕类

将经过调味熟制的黄、白蛋糕用保鲜膜严密封住，放入 1 ~2℃的冰箱中，春夏季可保存 2 至 3 天，秋冬季可保存 5 至 6 天。蛋糕类原料在保存中只能冷藏，不能冷冻，因冷冻易造成原料内部水分的流失，形成蜂窝状，而降低原料的质量，影响雕刻的效果。

（二）半成品的保存方法

半成品是指还未完成雕刻需进一步加工制作的产品，需妥为保管，利于下一步继续雕刻而完成其作品。半成品的保存必须用保鲜膜包严实，以免原料脱水变蔫，也不能长时间浸泡于水中。应置于 1 ~5℃的冰箱中保存。

（三）成品的保存方法

1. 水泡法

将脆性的雕刻成品放入 1% 的白矾水中浸泡，这样能较长时间保持成品的新鲜程度。如不加白矾而用凉水浸泡，要加适量冰块，时间不要超过 24 小时，如果时间过长，成品极易出现掉色甚至变质腐烂。在浸泡时如发现白矾浑浊，就应及时更换新水。水浸泡法，一般适合染不上颜色的成品。

2. 低温保存法

把雕刻成品放入盆内加凉水(以没过成品为宜)，再放入冰箱冷藏，温度保持1℃左右，这样可以延长存放时间，一般可存放3至6天，要求勤换水。

3. 加膜保存法

将雕刻成品放入盘内，用保鲜膜包裹后，放入冰箱，保持1℃冷藏，可存放3天左右。

4. 明胶保存法

在雕刻成品表面喷涂上一层明胶液，冷凝后可使雕刻制品与空气隔绝，起到长时间存放的目的。

5. 维生素C保鲜法

在存放雕刻成品的冷水中加入几片维生素C，可使雕刻成品较长久地存放。

二、食品雕刻的应用

食品雕刻作品，可给筵席增添欢快、愉悦的气氛，增进就餐者的食欲，给予人们精神美和艺术美的享受。随着人们物质生活水平的不断提高和餐饮业的快速发展，食品雕刻在餐饮企业中运用越来越广泛。雕刻作品繁多，其应用灵活多变，无固定的格式和规则。一般应用有以下几种：

(一)雕刻品在凉菜中的应用

雕刻品在冷菜中主要用作点缀、衬托，给一般冷盘增加艺术色彩，给花色冷盘增加艺术感染力，提高艺术欣赏价值。例如，在一般的冷盘中，围上花边或用小花点缀，能起到锦上添花的作用。有的雕刻成品在花色冷盘中起到立体作用。如“凤凰戏牡丹”冷盘中再放上一个雕刻的凤凰头，就会显得更加生动形象；又如在结婚、庆功酒席的冷盘中，放上一个雕刻得很美的红双喜字，就能突出欢乐、喜庆的气氛，就能给宴会增添富丽堂皇的色彩，使筵席显得更加别致高雅。

(二)雕刻品在热菜中的应用

雕刻成品在热菜中使用，要特别注意少而精，一般以点缀为主，同时也用于花色造型菜。如在“西柠煎软鸡”的盘边放上一朵花卉，就更能显示菜肴的精致美观，起到烘托主题的作用，使菜肴与食雕作品产生和谐一致的效果。但一桌筵席热菜用花点缀衬托一般以1~3个为宜，运用恰当，突出效果，该点缀则点缀，不该点缀的就不要点缀，否则画蛇添足，失去点缀的意义。

(三)雕刻品以供观赏应用

雕刻作品单独出现在展台或席面上，一般都是高级宴会、筵席及美食展，特别是大型宴会使用得较多。主要形式是组装的孔雀迎宾、百花争艳、龙凤呈祥、百鸟朝凤、松鹤延年、骏马奔腾、吉祥在天等作品。不仅反映了我国的民族特色，展示精湛的雕刻技艺，而且烘托气氛，使人赏心悦目，陶冶人们的艺术情操。

案例分析

小王初学雕刻，用心里美萝卜刻月季花。小王刻的月季花瓣五个，大小均匀，层次清晰，但缺点是花瓣较厚，花蕊不突出。其原因是小王忽视了雕刻刀具的作用。“工欲善其争，必先利其器”，要做好食品雕刻，尤其要刻出好的作品，必须准备好一些必需的雕刻工具。小王用的刀具不锋利所致花瓣刻的太厚，平面刻刀尖刃不够长所致花蕊不突出。刀具越锋利，花瓣刻的就越薄，花卉就越形象；平面刻刀尖刃越长，花蕊的层次就越多，花蕊就越逼真。所以说对待食品雕刻，必须先准备好的是雕刻刀具。

◆　复习思考题

1. 食品雕刻的原料主要有哪些？
2. 食品雕刻常用的刀具主要有哪几种？
3. 食品雕刻可分为哪几种类型？并说明每种类型的特点。
4. 食品雕刻的基本方法有哪些？
5. 食品雕刻的原则是什么？
6. 食品雕刻有哪几种保存方法？应如何灵活运用？
7. 食品雕刻成品在保存过程中应注意哪些问题？
8. 谈谈食品雕刻作品在凉菜中的应用。

第三章　盘式设计的基本知识

● **本章学习重点**

在冷菜制作的基本方法中要熟练掌握拌、炝、腌、冻、熏等方法的机理、关键和特点；并熟悉弧形拼摆法、平行拼摆法、叶形拼摆法、翅形拼摆法等冷菜拼摆的基本方法。

● **本章教学目的**

通过本章的学习，使学生了解冷菜制作的基本方法。要熟练掌握拌、炝、腌、冻、熏等方法的机理、关键和特点。冷菜拼摆的方法，从拼摆的手法上可分为堆、排、叠、围、贴、覆等6种；从拼摆的造型上可分为弧形拼摆法、平行拼摆法、叶形拼摆法、翅形拼摆法4种。并且了解盘式设计的基本方法和果盘设计的基本方法。

第一节　冷菜制作的基本方法

原料不经加热熟制而直接加调味品拌和成菜，或原料经焯水制熟再加调味品拌和成菜，或利用原料胶原蛋白受热熔化凉后凝固的特性制成菜肴，或利用燃料不完全燃烧产生的高热烟气使原料成熟等多种烹调技法，主要有拌、炝、腌、冻、熏等手法，通常不经过水、油、气等导热介质高温加热的制作方法，合称为“冷菜制作技法”。

其技法主要用于制作凉菜，拌、炝、腌法主要利用调味品的吸附和渗透作用，使原料人味。

一、拌

技法定义　将加工成细薄小型的洁净生料或晾凉的熟料，加进调料或预先调制的味汁拌和成菜的技术方法。

机理、关键和特点　拌法所用原料既可是加工整理好的洁净生料，也可是晾凉的熟料，还可是生熟混合料。因不再进行加热而又为了便于入味，故原料形状大多加工成片、块、丝、条、丁等细薄小型。

由于拌法种类较多，这里主要介绍它的共同特点：

第一，拌法的用料极为广泛。包括多种蔬菜、瓜果、豆制品（豆腐、油皮、腐竹、粉皮、粉丝）、面筋、琼脂制品、禽畜肉和内脏、水产品以及涨发好的干货等。可以说，绝大多数动植物原料都可拌制成菜。行业内就流传“百菜皆可拌”的说法。但是，所用的原料无论是生料或熟料都要求新鲜、洁净、无异味、无杂质等。使用植物性原料必须去皮、去壳、去老根和老叶等，选用其细嫩部分；使用动物性原料，要选用熟制后易于加工成型，并利于味汁溶入的原料，在预制以前要去皮、去骨、去筋络等。

第二，拌法制作简便，容易成菜。例如使用生料，在加工后只要进行洗净、消毒等洁治处理，码入盘内，浇上味汁拌匀即可；使用熟料，只要保持洁净，晾透改刀码入盘内即成。其中，生料多为植物性原料，拌的具体方法分为直接拌、焯烫拌和腌后拌等几种。“直接拌”，即将生料洗净加工成型，直接加味汁拌，这种拌法特别要注意料的新鲜和卫生。“焯烫拌”，即生料加工处理后用开水焯烫一下，经冷水浸凉后再拌，可增加拌菜的脆性并保持色泽鲜艳。“腌后拌”，即用少量盐将原料爆腌一下，利用盐的渗透压作用，排除原料的部分水分，使原料质地更加脆嫩。而拌动物性生料时，更要选用高度新鲜料或活料，消毒一定要彻底。

第三，拌法的味型多样化在冷菜类中首屈一指。拌法使用的调料十分广泛，经常使用的有盐、糖、酱油、醋、味精、胡椒粉、葱、姜、蒜泥、花椒油、辣椒油、香油、麻酱、腐乳、番茄酱、香菜，以及增香的多种中药材香料等。目前，拌法不断扩展的复合味型已达到几十种之多。常用的复合味型就有鲜咸味、甜酸味、酸辣味、麻辣味、椒麻味、蒜泥味、姜汁味、葱油味、红油味、麻酱味、怪味等十多种。一般来说，使用调料拌的大都把各种调料依次放入碗内，调合均匀，把握准色、香、味等具体要求后浇在菜的上面即可。而用复合味型的，一般是将各种配比的调料味汁放入锅内加热混合，定味以后再投入原料之中。在拌的过程中应尽量突出原料鲜美本味，凡是原料本身具有芳香鲜味的，所用调料切忌过多过重，要使加入的调料能同原料本味结合起来，使原料本味表现得更加充分完美。

第四，拌法菜肴的风味质感特色因所用原料不同而有所不同。但从多数拌菜看，其共同特色为香浓、脆嫩、清凉三个方面。拌菜的“香浓”是主要特色之一。这种香味不仅是菜肴上桌时散发的扑鼻香气，还包括咀嚼中所感受的香味。这些香浓的效果，从拌生料来看，主要是利用各种调料配制出来的，如姜末和醋调和的酸香，蒜泥加盐、味精调制的辛香，麻酱和香油的醇香，芥末和咖喱的辣香，香菜的清香等，以及用多种香料调制的五香、多味香等。从拌制熟料来看，则在预制过程中重用香料和厚味调料以及含有独特香气的一些中药材等，并用小火长时间加热，使调料、香料中香的成分附着原料表面或渗入原料内部，收到香气浓郁、内外俱香的效果。

拌菜的“脆嫩”是另一特色，但这里所说的“脆”，与油炸、炉烤所取得“脆”并不一样，机理也不同，脆的程度也有差异。油炸、炉烤的“脆”是干爽性的脆；拌菜的“脆”，有的是原料含水分较多、天然生成的脆，有的是经开水焯烫后收缩所引起的脆，也有的是用盐腌后挤出部分水分所产生的脆等。植物性原料先经开水焯烫、又经冷水浸凉的做法，除了保脆以外还起到保鲜、保色的作用。用于拌菜的熟料应尽可能地适应拌法的要求，控制原料的成熟度，达到脆嫩的目的。拌菜的“清凉”是所有冷菜的共有特色，无论生拌、熟拌都是如此。凡作拌菜的原料，一般都晾凉、浸凉或存入冰箱冷冻镇凉，待完全冷却后方可使用。即使使用的调味汁、花椒油、辣椒油等也要用凉的。现制的调味汁和调味油也要冷却后使用。冷菜要求清凉，有些还要凉得很透，达到沁人心脾的程度，人们在盛夏食之有暑热顿消之感。从冷菜拌法的特点看具体操作也较复杂，各地区的餐饮业把拌法划分为十多种具体技法，如生拌、熟拌、生熟拌、凉拌、温拌、热拌、清拌、净拌、混合拌、腌拌、杂拌等。通常认为凉拌、温拌、熟拌三种技法，基本上就可以反映出拌法的主要技术内容。拌菜的味型也较丰富，现把主要味型列表如下：

拌菜的主要味型

味型	特色	主要调味料
红油味	色泽红亮，咸鲜微甜，兼具香辣	红酱油、白酱油、白糖、味精、香油
姜汁味	姜味浓郁，咸中带酸，清爽不腻，特富清鲜	盐、老姜、醋、味精、香油
蒜泥味	咸鲜微甜，具有香辣味	蒜泥、白酱油、红酱油、红油、味精、香油
椒麻味	咸麻醇鲜，味带清香	白酱油、葱、生花椒、味精、香油
怪 味	咸、甜、酥、辣、酸、香、鲜各味兼具	红酱油、白酱油、味精、芝麻酱、白糖、醋、香油、红油、花椒末、热芝麻
白油味	咸鲜清淡，醇厚香鲜，四季适宜	香油、味精、白酱油
芥末味	咸、酸、鲜、香、冲、清爽解腻	盐、白酱油、芥末糊、香油、味精、醋
麻酱味	咸鲜可口，香味自然	白酱油、芝麻酱、味精、香油、白糖
麻辣味	麻辣咸香，味厚不腻，四季皆宜	白酱油、红油、花椒末、味精、香油
沙拉味	色泽奶黄，香味自然，四季皆宜	鸡蛋黄、色拉油、白醋、柠檬汁

（一）凉拌

技法定义　将加工处理的新鲜生料切成细薄小料码入盘内，调以各种味型的味汁拌匀成菜的冷菜技法。

工艺流程　选料→加工处理→切成装盘→调味拌制。

机理、关键和特点　这种技法以选料方便、制作简便、品种繁多而著称；又以清鲜脆嫩、本味鲜美和清凉爽口的特点备受欢迎，在冷菜类中最富特色。

凉拌技法所用的主料基本上都是植物性的原料，如蔬菜类中的大白菜、洋白菜、芹菜、菠菜、黄瓜、水萝卜、蒜苔、莴笋、小葱、香椿、西红柿、藕等，以及豆腐、油皮、粉皮等豆制品。动物性原料使用得较少，常用的是新鲜的腌制过的海蜇皮、蜇头等海产品，高档的还有生鱼片、龙虾片等。从凉拌所用的原料质地看，一个明显的特点是脂肪含量低，这也是形成生拌菜清淡、爽口、鲜香特色的重要因素。无论使用何种原料，对原料的新鲜度和卫生的要求都特别高。特别是植物性原料，要以当今时令菜为宜，并以新采摘的富含水分、质地细嫩的为佳，使用时要去掉老根、茎、叶，进行洗净和消毒处理。动物性原料除海蜇外，应以鲜活料为宜，现用现加工整理，最好在使用前经过冰水泡或冰块压，清除腥味，使肉质更加脆嫩。有一些蔬菜要在拌前爆腌一下，挤出多余水分后再拌，这样处理除了增加原料脆性外，还可起到清除异味和保持本色的作用。用开水对原料焯烫片刻再拌也能起到同样的效果。海蜇皮经过焯烫，还会形成新的风味质感特色。焯烫前的海蜇呈本色，质性韧，具有耐嚼的特点；而用开水焯烫后再拌的海蜇，色泽洁白，富有弹性，入口爽脆，口味一新。

凉拌技法的关键在于调制和运用味汁。在调制方面，分为直接调、锅内混合加热调两种。前者重点是掌握好各种调料的比例，使之既有综合味又有原料的本味；后者在锅内加热混合调制，除了调料的配比外，主要是掌握好下入调料的次序和加热时间，使味汁的滋味融合恰到好处。最常见的调味汁有麻酱汁、芥末汁、椒麻汁、麻辣汁、姜汁、红油汁、蒜泥汁、白油汁、怪味汁等。在运用味汁方面，对自身淡而无味的原料（如豆腐、粉皮等），要使用香浓味厚的调味汁，使无味的原料变成美味佳肴；对原料自身具有独特鲜香味道的，所用味汁尽可能和原料的本味协调起来，绝不能让味汁盖住本味，最大限度地突出原料的本味。如对植物性原料主要突出其清香、细嫩的特色，对动物性原料则要通过味汁的配合体现其鲜香美味。根据原料性质运用味汁是凉拌技法一大特点。

凉拌技法最适宜现拌现吃，否则难以保证拌菜的品质和特色。这是由于植物性原料中的鲜蔬和动物性原料的鲜活鱼虾等容易变质，所用味汁和香料的滋味、香味，有的也不易持久；如拌制后停放时间过长，会引起鲜香美味的散失，并对菜肴的色泽、口味甚至菜肴的形态等都有较大影响。为此，凉拌的拌制方法须灵活多样，以最大限度保持特色为原则。一般都是采取以下的措施：第一，须事先调拌的，待入味后即可食用。第二，临食调拌的，即将各种调料和香料调配成复合味型的味汁，在拌菜上桌前，须一次投入味汁拌匀。第三，由食用者自拌的，即把主料装盘，调味料则分别盛在几个小碗、小碟内随同上桌，食用者可以在临吃前按自己喜好的口味兑制成味汁，用于拌食或蘸食，不必提前兑制。

菜例：香椿拌豆腐（山东菜）

原料　嫩豆腐250克，香椿100克，盐3.5克，味精10.5克，香油25克。

工艺　①将嫩豆腐用清水洗净放入碗内，加开水泡烫片刻，取出控水，晾凉后切成0.5～1厘米见方的小方丁放入盘中，也可以在碗内捣碎成泥后放入盘中。

②将香椿去老茎，洗净，投入开水锅中焯烫一下，见色泽转为翠绿、溢出香味时捞出，放入冷开水中浸凉，再捞出挤去水分，切成细末待用。香椿不经过焯烫没有香味。香椿以每年“清明”前后采摘下来的长约4厘米左右的嫩芽叶品质最佳，细嫩无渣，香味浓厚。过了这个时期采摘的香椿，茎粗叶老，吃起来不嫩，有渣，香气不浓。选用应时的香椿，是保证这道冷拌菜风味特色的关键。

③将切好的香椿放入豆腐丁盘内，下入盐、味精和香油，用筷子搅拌均匀，即可上桌食用。

（二）温拌

技法定义　将保持温热的熟料或将切成小块形的新鲜生料用开水短时间焯烫断生，捞出控净水分，在原料保持温热时调味拌制的冷菜技法。

工艺流程　选料→刀工处理→焯烫（或煮制）→去掉水分→调味→装盘。

机理、关键和特点　这种技法是从凉拌发展而来的。它和凉拌的主要区别是：第一，凉拌主要用生料，而温拌主要用熟料或焯烫断生的半制品。第二，温拌用的熟料无须冷却晾凉，而要保持原料的一定温度，有的甚至离火出锅后即可趁热拌制。这样不仅使菜肴更入味，而且也形成了新的风味特色和质感。如“温拌海蜇”的预热就使韧性强的海蜇变得脆嫩可口，“温拌腰花”的预热就突出了腰片的鲜嫩滋味，“烫拌干丝”就比凉拌干丝味浓味透。广东、四川等地的温拌菜更为出色，如广东的“沙爹拌鱿鱼”（沙爹是调料的名称）、四川的“椒麻肚片”等，都是名气响亮的特色温拌菜。

菜例：沙爹拌鱿鱼（见彩插图3－1）

原料　发好的鱿鱼300克，青葱50克，鲜辣椒25克，子姜10克，植物油50克，葱花、姜末少许，沙爹酱汁适量。

工艺　①将发好的鱿鱼洗净，切成较粗的丝条，用沸水焯透，捞出控水，放入盘中；青葱、鲜辣椒、子姜洗净，都切成丝，放入鱿鱼丝盘内。

②锅架火上，放入植物油，烧热，下入葱姜炒香，倒入鱿鱼盘；随即加入调制好的沙爹酱味汁（用沙爹酱、白酒、葱、糖、胡椒粉、香油、辣油等调成），调拌均匀即成。

（三）熟拌

技法定义　将预制好的熟料经晾凉或冰镇冷透后，改刀切成片、块、丝、条等小型料，码入盘内，浇以调味汁拌匀成菜的冷菜技法。如果采用生熟料混合拌的，可将生料先盛入盘中，再临灶现制熟料，定味成熟后，即可连汁带熟料浇在生料盘内拌食。如名菜“鸡丝拌粉皮”就是采用这种方法。也可将鸡肉煮熟，晾凉，撕成细丝，放入粉皮盘内，再加味汁拌食。

机理、关键和特点　熟拌是生料凉拌的发展，增加了新的风味。熟拌与生料凉拌相比，除原料生熟不同外，还有许多其他优势，如用料广泛，方法多种，品种丰富，滋味多样。熟拌不仅有味汁的滋味，还有预制的各种熟料的不同本味。所以在餐饮业中，熟拌菜占有很大比重，可以说是冷菜的主体。具体特点如下：

第一，熟拌所用的主料极其广泛，荤素皆宜，无所不包。从动物性原料的家禽、家畜、山珍野味、水产海鲜到植物性原料的各种蔬菜、鲜果、干果、豆制品、琼脂制品等，都可以作为熟拌的主料。在餐饮业中，以使用动物性的荤料比重较大。其中，最常使用的有猪肉、猪肝、猪肚、猪腰、鸡脯、鸡翅、鸡爪、鸭膀、鸭掌，以及鱼、虾、蟹、贝类等水产品和禽蛋类的松花蛋、咸鸭蛋等。在植物性原料中，较常用的是冬笋、茭白、蘑菇、木耳、银耳、花菜、豇豆、柿子椒、海带、豆制品等。用料广泛，是熟拌技法花色品种繁多的重要因素之一。

第二，熟拌预制方法多，拌菜的质感各异。一般来说，熟拌的熟料预制方法包括蒸、煮、烧、氽、焯、炸、煎、炒等。同一预制法因原料性质不同而形成不同质感，还有各种菜肴的制作要求也不一致，便出现了不同的质感。以成熟度为例，就分为断生（脆嫩、软嫩、细嫩、柔嫩等）、熟透（内外变成酥嫩）、熟烂（软烂，入口就化）等不同层次的质感。因而，熟拌菜的质感是冷菜系列中最多的一种，可以说脆、嫩、软、酥、糯、烂等不同质感在熟拌菜里都有。为了确保熟拌菜的各种质感要求，在预制加热时必须采取一系列的技术措施。例如，一些不易成熟的原料在氽制、焯制时，可加少许碱就能较快成熟，并保持脆嫩；菜肴需要色泽美观的，最好用焯烫方法预制，并在焯烫过程中加少许熟猪油等，预制后的原料本色鲜明，并带有油亮光泽；对异味重的原料，在预制前要用冷水浸泡，泡净血水后再预制，同时在预制中用葱、姜、料酒、醋等以清除异味；对要求脆嫩的猪肚、猪肝、猪腰、鸡鸭肫以及鱼、虾、海螺等，氽前要加工成细薄原料才能保证氽后成熟质嫩；蔬菜氽、焯后应用净水浸冷或冲冷才能保证碧绿色泽和质地脆嫩；荤料的冷却可采用摊开晾凉或用风扇吹凉。

第三，熟拌技法的花色品种繁多，在熟拌中不仅可以单独使用熟料拌，也可和生料一起混合拌；不仅可以单独荤料拌，也可与素料一起混合拌，这就使熟拌方法千变万化。在餐饮业中熟拌以荤料拌为主，即使荤素拌也是如此。无论是生料或素料，都只起辅助作用。熟拌的名菜中都充分体现了这一特色，如蒜泥白肉、麻花腰子、红油鸡片、怪味鸡丝、芥末鸭掌、麻酱海螺、姜汁肚丝等。同一品种也可采用两种不同的拌法。如鸡丝粉皮，一种拌法是将煮熟的鸡肉撕成细丝，放入切好的粉皮盘中，加上味汁拌匀即成；另一种拌法是把切好的粉皮放人盘内，再将生鸡肉切成细丝，装碗，上浆，温油滑至断生，回锅加味汁炒制成熟，连汁带料倒入粉皮盘内拌匀，形成与前一种风味不同的拌鸡丝粉皮。为便于区分，后一种通常称为“鸡丝拉皮”。

菜例：芥末鸭掌（见彩插图 3－2）

原料　熟鸭掌 250 克，黄瓜 100 克，盐 3 克，味精 2 克，醋 5 克，料酒 10 克，葱段 15 克，姜片 8 克，蒜泥 10 克，芥末 15 克，香油 15 克，鲜汤适量。

工艺　①将熟鸭掌用中小火沸煮约 40 分钟，煮至八成熟即可。用刀从鸭掌背部划开，抽出骨头待用。将黄瓜洗净，切成斜象眼片。将芥末放入碗内，倒入开水调拌均匀，加盖封严，晾凉，即成为香辣味的芥末酱。

②锅架火上，放入适量鲜汤、葱段、姜片，烧开后下入鸭掌稍氽烫一下，氽至鸭掌熟透皮脆，捞出控水晾凉，大的一切为二。

③用碗一只，放入盐、味精、料酒、醋、蒜泥、芥末酱和香油，混合一起搅匀，过滤去渣，即成香辣芥末汁。

④把黄瓜片放入盘中间垫底，再把氽烫好的鸭掌摆在黄瓜上面，倒入香辣芥末汁，即可上桌食用。

二、炝

技法定义　多数是将原料加工成细小块形，经焯烫或滑油成熟料后，浇上用辛香味料调制的挥发性、刺激性强的热油味汁拌匀成菜的冷菜技法。是冷菜冷制多种炝法的总称。

机理、关键和特点　“炝”法与“拌”法基本相似，或者说炝是拌法的新发展，相同之处较多。但是，它们之间也有着明显的区别：在用料方面，“拌”法是生料、熟料并重，或生熟料混合使用，而炝法则是以半成品、熟料为主；在预制方法上，“炝”比“拌”少得多，“炝”法预制基本上只有两种方法，即蔬菜的焯烫和荤料的滑油，与预制方法多达十多种的拌法是无法相比的。

炝法与拌法的最大区别是在最后一道工序的操作上。拌法的最后工序只用不同调料或调制的味汁浇在主料上即可，而炝法的最后一道工序则分为两个步骤进行：第一步在主料上浇上调制好的味汁，浸制入味，第二步还要浇上现制的含有香辛味的热油或味汁炝制成菜。正是由于最后工序操作上的这一改动，才使炝法这一新的技法得以诞生，并脱离了拌法这一母体，成为一种独立的技法。最重要的是这一工序能使菜肴溢出浓郁的香气，形成了炝菜的特色。

炝法之所以出现这样的效果，主要是使用了香辛油和香辛味汁。这些油和味汁是利用挥发性、刺激性强的香辛物质如花椒、辣椒、胡椒、葱、姜、蒜、芥末、醋、料酒、白酒、酒糟、豆瓣酱，以及附着性强、香气浓的香油和其他油脂等进行调制的。在调制味汁时，有的是先把它煸炒出香味，有的则是混合搅拌出香味，浇入原料后浸渍到原料内部。特别是最后工序中用调制的热油来炝，使得各种调料味汁得以最大限度地散发浓郁香味，这就是炝法香气突出的机理，也是这一技法的关键。这与炒制菜肴时用油、葱、姜、蒜炝锅起香的道理是一样的。这也可能是厨师受到炒菜炝锅的启发而发明了这一技法，甚至于炝法的名称也与此有关。

“炝”有不同的操作方法，有的先把原料放入用香辛料调制的卤汁中浸泡，使香味透入原料内部生香；有的把香辛料入锅，焙或煸炒出香味后，放入其他味汁和原料搅拌均匀，使香味附着在原料上，但原料在锅内的停留时间不宜过长，否则影响菜的质感；更多的做法还是把原料码入盘内浇匀味汁，然后将烧至沸热的调味油倒入，利用油的热量，把味汁所具有的香味物质激发出来，产生扑鼻的香气。各地由于生活习惯不同，炝法所用的热调味油也有不同。北方地区多用花椒油，南方地区多用蒜泥油，西南地区多用辣椒红油，其他地区则多者兼用。只有使用“活”料（如活虾等）的生炝，才用白酒（或料酒）、胡椒粉等浸泡炝香。

为了突出炝菜浓香味透的效果，所用原料都加工成片、块、条、丝、段等较小形状。有些小型料可用自然形态，但要选用大小规格差不多的形体（特别是活料），便于在炝制中扩大原料与卤汁、热油的接触面积，便于均匀附着入味，并使鲜活料及时炝“熟”。炝菜以芳香通窍为突出特点，其全面风味特色是香气浓郁、滋味多样、脆嫩鲜美、清利爽口。

炝法由于所用原料、调料、预制方法和具体炝制操作不同，各地起的名称也不一致。目前已出现十多种具体炝法，如生炝、熟炝、凉炝、热炝、温炝、滑炝、油炝、掸炝、糟炝、葱椒炝、酒炝等。如按技术内容分析，主要就是生炝、熟炝、活炝三种，现按其技术特点和风味特色分述如下。

（一）生炝

技法定义　将生料切成小块形料（或利用原料自然形态），用香辛调味油汁炝制成菜的冷菜技法。

工艺流程　选料→洗涤→加工处理（焯烫或腌渍）→炝制→装盘。

机理、关键和特点　生炝对原料有一些特殊要求，可用的原料较少，常用的是鲜嫩黄瓜、莴笋、小水萝卜、芹菜、大白菜心等，与其他冷菜技法相比菜肴品种也比较少。生炝的炝制方法主要分为两种：

1. 浇香辛调味油炝

这种炝法以蔬菜为主，在炝制的过程中具体操作方法较多，有的直接使用生料，经加工洗涤后放入盘内，最后浇入现制的热香辛调味油，炝拌均匀即可；有的生料在加工洗净后还要用盐爆腌一下，再浇以热调味油炝制。在腌制时用盐要适量，撒放均匀，适当揉搓，使盐的渗透压功能均匀发挥作用，取得腌透的效果。但腌制时间不宜过长，防止咸味过重。还可以采用开水焯烫原料的方法，把原料焯至断生或刚熟，经洁净冷水浸泡散热冷却，取出挤干水分装盘，即可浇以热调味油炝制。这种方法需要注意的是原料烫后要立即用冷水浸泡冷却，进行保色、保鲜和增加脆嫩度。植物性原料的炝菜，如虾子炝芹菜、糖醋黄瓜皮、珊瑚白菜、辣白菜，都是色泽美观、清香味鲜、各具风味的著名冷菜。

2. 酒及香辛料炝制

这种炝制法主要适用动物性原料中的鲜活水产品，餐饮业把这种炝制法称为“活炝”（另外介绍）。

以上两种生炝制品风味不同，各有特色。两者相比，活炝的特色更为鲜明，尽管活炝的品种很少，却富有独特的风味，在冷菜系列中占有重要的地位。

菜例：虾子炝芹菜（见彩插图3-3）

原料　净芹菜250克，虾子15克，玉兰片50克，盐3克，味精1.5克，鲜姜5克，植物油15克，花椒油25克。

工艺　①将择洗干净的芹菜顺中劈开，改刀切成长3厘米的段。玉兰片洗净，切成菱形小片。鲜姜刮皮洗净，切成细丝。虾子放入碗内，用清水漂洗，控干水分。

②锅架火上，放入适量清水，用旺火烧开，下入芹菜段焯烫一下，见菜色转为碧绿立即捞入冷水盆中降温保色。待芹菜冷却后捞出控水，放入盘中。玉兰片用开水焯至断生，捞出控水，也放入芹菜盘中。

③油锅架火上，放入植物油烧至五六成热，下入虾子稍炸一下，离火，倒入芹菜盘内，再将姜丝放在芹菜上。

④另用一个油锅架在火上，放入花椒油，用旺火烧至沸热浇在芹菜上面，撒上盐和味精，静置片刻使味透菜内，即可上桌。

（二）熟炝

技法定义　将加工成型的原料用不同的熟制方法加热至断生或成熟，浇入调味汁和现制的沸热香辛调味油炝制成菜的冷菜技法。

工艺流程　选料→加工→上浆→预热处理（焯烫或过油）→调味→浇热调味油进行炝制→装盘。

机理、关键和特点　熟炝是炝法中应用最广泛的一种技法，与熟拌法有很多相似之处。有人认为，熟炝就是熟拌法的延伸和发展。其相同点之一，就是用料来源很广，荤素原料均可使用。其中，常用的动物性原料有猪肉、猪肚、猪肝、猪腰、牛肚、羊肚、鸡肉、鱼肉、虾仁、蛏子、海螺等，常用的植物性原料有冬笋、茭白、芹菜、蚕豆、豆芽等。熟炝选用这些原料时，特别要注意原料的新鲜度和细嫩度，也很讲究季节时令，要选用品质最优的原料。所用主料，都要根据炝法烹调的特点，加工成片、块、丝、条等细薄小料，有的小块形料也可用自然形态，但须选用大小规格大致相等的，便于预制成熟和炝制时能够均匀地吸附味汁和调味油，为保证成品的风味特色创造条件。

熟炝的质感以脆嫩清爽见长。因此，所有原料的预制都要围绕这一要求进行。目前所采用的预制方法主要有两种，都以追求脆嫩为目的。一种是“滑油法”，这种方法以动物性原料为主，滑前，原料必须加工成小型料，放入盘内，加蛋清浆抓拌均匀，投入油锅中，油温要低一些，一般为四五成热，下锅时将料抖散，入锅后用筷子立即划开，大体滑二三十秒钟至一分钟，一旦原料变色、断生或刚熟，即可捞出控油。滑的时间不宜过长，否则质地容易变老。另一种是“焯烫法”。这种方法主要用于植物性原料，即将加工整理的原料投入开水锅中，烫约片刻，一见转色，立即捞出，控净水分，立即放入洁净水中散热浸凉。这是焯烫植物性原料的一个关键。有些荤料也可用焯烫法进行初步熟处理，效果与温油滑制大致相同，但大多数在焯前要经过上浆处理，以防止焯烫时受高温变老，焯好以后，也要迅速控净水分，不用冷水浸泡就可进行炝制。

熟炝的品种繁多，味型多样。各地对熟炝的滋味从无硬性规定，完全由厨师根据原料性质和当地人们喜好的口味进行调制。但是，无论炝制滋味如何变化，都离不开两类基本物料：一类是调料，即酱油、盐、味精、醋、糖等，它们主要起确定炝菜基本口味的作用，但使用多少调料、调制什么样的味型，均由厨师根据实际需要调配；另一类是香辛料，如花椒、胡椒、辣椒、葱、姜、蒜、料酒、白酒、香油或其他油等，它们主要是起突出香味和增加光泽的作用。浇入调味油时，有的（以荤料居多）要在原料预制成熟后，趁热浇油炝，有的（以素料为多）要在原料预制成熟晾凉后，再浇热油炝制。因而，炝菜在清凉方面就不如拌法那样突出。

菜例：炝虎尾（见彩插图 3－4）

原料　活鳝鱼 1200 克，盐 3 克（调味用），粗盐（煮鱼加工用）50 克，酱油 15 克，醋 50 克，味精 3 克，蒜泥 30 克，胡椒粉 2 克，葱段 25 克，姜块 10 克，熟猪油 10 克，鲜汤适量。

工艺　①大锅架在火上，放入多量清水（一般在 5000 克以上），下粗盐、醋、葱段、姜块等，用旺火烧开，将活鳝鱼投入锅内，盖严，烫约几分钟，将鳝鱼烫死，揭盖，用手勺推动几下，使均匀受热。烫至鳝鱼肉质刚熟，捞入冷水盆中浸泡散热。当鳝体变为温热时，即用竹刀片拆骨，先划下鳝肚，后划下两条鳝背肉条，再切去鳝背肉条的上段部分，只取长 15 厘米的鳝尾待用（鳝肚、鳝背的上段留作别用），餐饮业把它叫做“虎尾”。

②取小碗一只，加入酱油、盐、味精和适量鲜汤搅匀，调成金黄色的味汁。

③锅架火上，放入适量清水，用旺火烧开，将“虎尾”下水，汆约一两分钟，将鳝肉汆透至熟，捞出，控干水分，放入大盘内，浇上调制好的味汁。

④另用一锅架在火上，放入熟猪油加热，油温升至七成热时放入蒜泥，炒出香味，起锅，倒入盘内的“虎尾”面上，撒上胡椒粉即成。

（三）活炝

技法定义　将鲜活水产原料置于容器中，用酒短时间炝渍后，加上适量调味料成菜的冷菜技法。

工艺流程　选料→酒炝制→加入调味料→装盘。

机理、关键和特点　这种技法主要是借助酒的渗透力，起到杀菌、消毒和激出原料内清香鲜味的作用。尽管它所用的原料有限，但炝成的菜肴却独具风味。这种技法有的地区叫“醉”，把活炝叫做“活醉”。实际上活炝和活醉是有区别的。主要的区别是活炝的原料不加热，用少量酒和少量调料短时间炝制；醉的原料除活醉外，还要经预热处理，用较多的酒和调料长时间腌渍，直至原料产生“熟”的反应才可。总的说来，活炝技法的主要特点是：

第一，活炝用料的选择有较高要求，既要鲜活原料，又要讲究产地、品种，还要注意季节时令，形体大小的规格也要合适。以常用的虾、蟹、蚶为例：活炝用的虾，一定要选用鲜活的河虾，形体大小适当；蟹，以湖河产的小型毛蟹为好；所用的蚶子，都必须选用沿海产的活蚶。活蚶以浙江省沿海产的“宁蚶”（宁波沿海产）、“温蚶”（温州沿海产），山东省沿海产的“青蚶”（青岛沿海产）比较著名，尤以“宁蚶”品质最好。这种蚶子体态饱满，大小适中，平均每只5克左右（过大则不易炝熟、炝透），最适宜活炝。炝熟后味极鲜美，被视为上乘佳肴。但选用的首要条件就是鲜活，否则就不能使用。

第二，活炝的加工处理严格。由于活炝原料不经过加热处理，全靠白酒的渗入“炝熟”；再加上所用的虾、蟹、蚶三种原料含泥沙多而外壳又不平整，所以做好原料加工处理就成为活炝的重要一环，也是防止食物中毒的重要措施。首先，将选中的活料放入净水盆中静养一定时间，让活料吐净泥沙，对已死亡的原料必须挑出去。然后用过滤的净水边冲边清洗，直至洗涤干净为止，特别是蚶子外壳的缝，还要用刷子把缝内污物刷净。最后剪去须、爪等，重新筛选一遍，剔除过大和过小的活料，再把用以活炝的原料最后洗净，放入容器内准备炝制。活炝仔细加工处理的主要目的：一是确保菜肴清洁卫生；二是便于调料味汁均匀渗入原料内部，使原料肉质发生“熟”的变化；三是保证卤汁的滋味不受影响。

第三，活炝的关键是掌握卤汁料的配比。卤汁料是用白酒（或料酒）、味汁调制的。酒的比例要适当，以白酒为好，若用料酒则要增加数量。这是由于酒在炝制中起着重要作用。它既可杀灭细菌，又能使成菜具有浓郁的酒香味。这种活炝法亦可叫做“酒腌法”。当卤汁制好后即可倒入原料内。炝的时间随不同原料而定，多数只炝几个小时，有的则要密封炝制几天。上桌时有的要连同容器一起上，现吃现启封；也有的取出装盘，并进行一些食前加工，例如炝好的蚶子要剥去半壳，再整齐码盘上桌。炝好的毛蟹，要揭开蟹盖，清除蟹鳃后，再装盘上桌。由于活炝菜肴具有独特的鲜嫩滑爽、清香浓郁风味，素受沿海地区消费者的爱好。特别是在原料肉质肥美的上市季节人们都争相食用，因而活炝技法也就得以发展。

菜例：活炝河虾（见彩插图3－5）

原料　活河虾500克，白酒100克，酱豆腐乳40克，白糖30克，姜末5克，芝麻油25克。

工艺　将活虾洗净去水，剪掉须毛与脚，放入碗中，用白酒100克炝后加盖上桌，随上酱豆腐乳、白糖、姜末、芝麻油等混合调料，用虾蘸食即可。

三、腌

技法定义　将经过加工处理过的原料，用盐或盐水、酒、糖等和各种调料制成的调味液腌制成菜的冷菜技法。

机理、关键和特点　“腌”是多种腌法的总称。餐饮业所说的腌具有多种指向，如热菜烹调前腌渍入味、某些原料的加工处理、肉禽蛋的腌制，以及制作酱菜和咸菜等。这里所说的腌，是制作冷菜的技法。通过腌渍可以排除原料中部分水分，清除异味，杀菌消毒，使原料入味，形成脆爽咸鲜的独特质感和风味。腌制方法较多，各地叫法也不一致，大体是按所用调料进行分类的。从技术内容上看，主要是盐腌、糟腌、酒腌（醉）三种。尽管腌法的种类众多，所用调料也不相同，但是，最常用的还是“盐腌”法，盐是最主要的调料，其机理是这样的：盐具有很强的渗透压，当它与原料特别是蔬菜原料接触以后，盐分子很快地向原料各个部位和内部渗透，使原料中一部分水分析出（又叫脱水），与盐溶化成为盐溶液，它再次渗入原料内部，使原料内部水分与外部水分浓度平衡，这个平衡过程就是腌制的过程。腌制起到了以下五方面的作用：

第一，清除了原料青、生气味和某些原料的涩辣等异味，突出了原料自身良好的自然原味。

第二，紧缩了原料的组织结构，从而增加了原料的脆性、嫩度和干爽性。

第三，增强了原料的色彩，腌制后原料色泽较本色更加鲜艳，特别是绿色蔬菜都转为青翠碧绿，比原色更加美观。

第四，生成有益人体健康的菌株，用盐水泡腌原料后可生成乳酸发酵，不但形成了一种隽永的风味，而且有助人体的消化和吸收。

第五，抑制了某些有害细菌、微生物的繁殖，起到了消毒杀菌的作用，保证了菜肴的洁净卫生，还延长了菜肴的存放期。

正是由于盐的性能及其在腌制中所产生的作用，所以成为冷菜制法中的一大类。但是，盐的味道单一，光用盐腌制也可成菜，通常称为咸菜，口味单调，所以在用盐的同时，再配以其他多种调料、香料腌制，就可既发挥盐的作用，又发挥了调料、香料的美味作用，使腌菜的风味丰富多彩。餐饮业中的冷菜腌制方法大体分为两类：一类以盐为主、其他调料为辅的腌制方法；另一类是盐和其他调料并重的腌制方法。前一类通常叫做盐腌法，按具体操作也可分干腌法和湿腌法，它的代表性菜肴有辣白菜、泡菜等；后一类因加料的不同，叫法较多，如加糟同腌的叫“糟腌”，加酒同腌的叫“酒腌”，有的地区则叫“醉腌”，还有将盐和调料调制为调味汁腌制的叫“渍浸”等。

腌法的主要特点：采用盐腌法的，一般以蔬菜素料为主，腌制后的成品质感风味是脆嫩清香，醇厚浓郁，滋味以咸鲜为主，但可适当添加其他调料，调制成为酸甜味、酸辣味、香辣味等多种味型；采用糟腌法的，以畜禽荤料为主，腌制后糟香浓厚，肉质酥软，滋味多样，富有特色。

（一）盐腌（渍）

技法定义　将加工整理的原料用盐擦拌或用盐调制的调味液浸渍成菜的冷菜技法。

工艺流程　选料→加工整理（有的预热处理）→腌制→装盘。

机理、关键和特点　这种技法主要是通过盐的渗透压作用使菜肴质感脆嫩，鲜香爽口，以调味液浸渍制成的菜肴更具独特风味，以酸辣、酸甜、鲜咸最著名。

盐腌法分干腌和湿腌（泡、渍、浸）两种：

1. 干腌

所谓干腌即直接把盐撒放在原料上，揉搓均匀的腌制。这种方法操作简便，快速成菜，并获得味美的效果。试举一最典型菜例“白油青瓜”。这道菜选用质嫩汁多的良种黄瓜（可用青瓜），洗涤干净，先切两头，从中竖切剖开，挖去瓜瓤，竖切成长条，再改刀切成长约 3～4 厘米的短条，放入盆内，均匀撒入适量的细盐，揉搓几下，即可静置腌制约 10 分钟，这类菜腌制时间都比较短，只要盐发生作用即成，故行业称之为“爆腌”。一见黄瓜渗出水分色泽转艳，立即取出，放在洁净的布中，包起卷干水分，散开，放入盘中，再放入香油、味精拌匀即可食用。虽然这道菜做法十分简单，但却成为色泽透亮、质感脆嫩、清香扑鼻、咸鲜爽口的美味菜肴，并成为这种技法的名而不贵的代表菜。餐饮业腌制菜肴的做法，比起“白油青瓜”更讲究精工细作，用料多是新上市的时令鲜蔬，如冬笋、菌类；调味品种类也多，味型多样，大都现制现吃，从不存放过夜，以保证菜肴的新鲜度。这类菜以“辣白菜”最有代表性。它选用北方大白菜中优良品种之一的“青口菜”，只用其最细最嫩的菜心，经过三道腌制工序成菜。这道菜因用红辣椒丝，口味酸甜中又带香辣味，故起名为“辣白菜”。如果从技法上讲，它包括腌、炝、拌等内容，但是起主导作用的还是盐腌，故行业内把它列为盐腌的精细技法之一。

2. 湿腌

有的地区叫“泡”、“渍”、“浸”等名称。从技术内容上看，这些都属于湿腌的范围，只是调味汁浓度和选用的调料有所不同，也可以看成是湿腌的三种具体方法。现将操作过程分述如下：

“泡”，首先调制泡卤，一般用一大盆放入晾凉的白开水，再加适量的盐、干辣椒、花椒和白酒等基本调料、香料搅匀，静置一定时间即成，然后倒入泡菜坛内，放入腌泡的原料（泡菜主要用料是植物性原料，常用的有洋白菜、豆角、黄瓜、萝卜等，品种可多可少，泡前洗净，切成小形块片，控干水分），加盖，密封泡腌约二至五天（冬季）即可成熟取出食用。这里所谓的“熟”，是指原料在泡卤中发生的乳化发酵反应，由此产生了独特的鲜咸微酸的风味，而且质感也变得脆嫩。如泡的时间过长，“熟”得过度，微酸则变为重酸，无法食用。所以这种方法都是采取边泡腌、边成“熟”、边取食的办法，原有的原料泡好吃完再放新的原料续泡，如此反复循环使用，只要泡卤没有变质就可长期使用下去。经过多次泡菜后，泡卤越来越香，泡出的菜滋味也更美。但每泡腌一次后，应适当加些调料、香料保味，并把浮沫撇净，以防泡卤变淡、变质。

“渍”，也是先调制卤汁，但所用调料与泡卤不同，主要是用酱油、醋加糖水调制而成，或用蜂蜜、糖水加桂花、玫瑰酱等调制。前者是咸甜卤，后者是蜜渍卤。采用咸甜卤渍的原料大都是含水分较多的蔬菜，如西红柿、萝卜、黄瓜、莴笋、洋白菜、莲藕等；而用蜜渍卤渍制的原料多为草莓、菠萝、柠檬、樱桃、金橘、山楂等果类。渍法所用的渍卤卤量要多，必须淹没原料。但渍腌时间一般较短，大体在 1 小时左右，见原料上色入味后即可取出，控干卤汁即可食用；也有的将原料取出装入碗内，再浇上一些卤汁，连汁食用。渍腌的成品色泽鲜艳，清爽可口，风味多样，咸甜、酸甜、纯甜等口味均有。

“浸”，也是事先调制卤汁，其滋味以鲜咸、五香味为主体口味；其所用的原料以鸡、鱼、肉等荤料为主，做法是把预制成熟的熟料趁热放入晾凉的浸卤汁中浸腌入味；浸腌的时间也较短，一般为一两个小时。

菜例:酸辣白菜(见彩插图3-6)

原料　大白菜1000克,盐30克,糖450克,酱油25克,醋100克,姜丝25克,花椒10克,干红小辣椒10只,植物油100克。

工艺　①将大白菜剥去老帮,只取细嫩的菜心,洗净,切成长4厘米、宽1厘米的条,放入容器内,加盐拌匀,腌约五六个小时,见菜渗出水分,取出,用清水漂洗干净,挤干水分,放入盘内。将红辣椒去籽、洗净,切成细丝。

②取碗一只,放入糖、醋和酱油,搅匀搅化,调成酸甜味汁后倒入白菜盘中,同时撒上一半的辣椒丝和全部姜丝。

③锅架火上,放入植物油,烧至六七成热时下入花椒和另一半辣椒丝,要炸得老一些,炸出色、味。见花椒、辣椒丝均已炸酥、油呈红色时,捞出花椒、辣椒丝不要,将热辣椒油浇在大白菜上面,迅速用一大盘扣紧进行腌渍,一般腌20~30分钟,使油和味汁渗透原料入味即成。

(二)糟腌

技法定义　将预制成熟的原料放入用盐、调料、香糟等混合调制的调味液中,封闭腌渍入味,溢香成菜的冷菜技法。

工艺流程　选料→预制处理→入调味液中腌制→刀工切型→装盘。

机理、关键和特点　糟腌是腌法中富有特色的技法,名菜也多。其特点是:糟腌的用料主要是动物性原料,最常用的有禽类的鸡、鸭、鹅和各种蛋品,以及禽类的部位料和内脏,如翅膀、脚爪、肫、肝、肠和掌等;畜类中猪的部位肉及内脏,如后臀尖、五花肉、排骨、猪头、猪蹄膀、猪爪、猪耳、猪舌、猪尾、猪肚、猪肝、大肠和牛羊肚、牛舌、牛尾等;水产类有鱼、虾、蟹、螺、蛏、蛤、贝类等。也可用一些蔬菜素料如冬笋、茭白、毛豆、刀豆,以及部分豆制品等,但所占比重很小。

糟腌法的目的之一是在糟腌的过程中让原料入味。因此一概不用生料糟腌,而是将加工整理好的原料进行预制成熟的处理。预制方法各不相同,大部分原料的预制都采用不加味汁的白煮方法,既使原料成熟又不带上滋味,以保证糟制时充分吸收滋味。这种预制方法比较简单,只要将加工好的原料放入水锅中加热煮制成熟捞出控水即可。但是,白煮所用火力的大小、加热时间的长短和加热后的质感要求,却要根据原料的不同灵活掌握。禽畜荤料的预制所需要的时间较长,原料入锅水开后,就要改用中等火力,经较长时间加热,质感以成熟酥软为度,不能过于软烂;蔬菜素料的预制,是将原料直接放入开水锅中略煮片刻,待颜色转艳、断生即可,质感要求脆嫩清爽,不能把菜煮黄、煮烂,否则无法使用。

糟腌法的主要特色是菜肴的糟香浓郁,口味纯正。为了保证这一效果,所选用的糟质量要好,不能有任何异味。糟,是酿酒的副产品,又名酒糟,种类较多,有红糟、白糟、香糟,还有用糟制成的糟汁、糟油、糟卤等再制品,应根据成品的要求选用。多数是选用香气浓郁的香糟。在糟腌前,先将香精研碎研细,放入容器内,分别加入适当的调料和香料,调成滋味丰富的卤汁,所加的调料、香料的品种和数量要特别慎重,一般常用的有上等料酒(以浙江绍兴酒最佳)、盐、糖、葱、姜、花椒、大料、桂皮、陈皮、桂花等,用量标准以不能盖过糟香味为准。特别是盐的用量要适当,因原料不同.不能作具体的规定，原则上不宜过咸。调制香糟卤汁时要尽量拌匀，将糟全部化开，最后用清洁细布过滤，去掉渣滓、杂质才可使用。糟卤的具体用量也因原料的不同而异，原则是卤汁要宽，至少要超过原料的一两倍，以全部淹没原料为准。餐饮业的糟腌与专门食品工厂的腌制不同，一般饭店、餐馆制作的糟制品选料新鲜，腌制快速，味型丰富，能适应急需，糟腌的时间大都比较短，一般均在半天左右。糟腌的卤汁可以多次使用，腌制后所留的卤汁要撇去浮油，经过过滤使汁保持清澈不浑，下次再使用时可适当掺兑一些新制糟卤，以保证足够的卤汁量，要注意掺兑新卤汁的比例。糟腌冷菜的季节性强，餐饮业一般都是在人们食欲不振的酷夏季节制作供应，以糟腌菜肴的凉爽、清淡、咸鲜、香浓的独特风味，使人们大开胃口，获得舒适的享受。

菜例：红糟鸡（见彩插图3－7）

原料　净仔母鸡一只重1000克，白萝卜400克，盐40克，味精3克，白酒50克，红糟10克，糖40克，醋50克，鲜辣椒丝10克，五香粉适量。

工艺　①将鸡除去内脏，洗净，剁去脚爪，再用刀把鸡腿膝部拍松，然后投入开水锅中浸煮20分钟左右，见鸡腿膝关节处的筋膜鼓胀起时即基本成熟，捞出；待冷却后，剁下鸡头、翅膀和腿，再把鸡身剁成四块，鸡头劈成两半，翅膀和腿剁为两段。

②将白萝卜刮皮洗净，切成3厘米长的短条，并在上面剞上十字花刀，用盐15克爆腌一下，挤去盐水，放入碗内，加入糖40克、醋50克和鲜嫩辣椒丝，拌匀，浸腌20多分钟，即成糖醋萝卜。

③将加工处理好的鸡块放入瓦钵中，先用盐15克、白酒50克和味精少许调和均匀成汁，倒入鸡块钵中拌匀，密封腌渍2小时（中间倒翻一次）后，开盖，再放入红糟、盐10克、余下的味精、五香粉和适量的冷开水，继续拌匀，再密封浸腌一个多小时，即可入味。

④将糟腌好的鸡块取出，轻轻抹去面上的一层红糟，改刀切成宽1.5厘米的条状小块，码入盘内，然后将腌好的糖醋萝卜围在盘的周围即成。

（三）酒腌（醉）

技法定义　将鲜活原料放入容器中，加用酒和调料制成的调味液腌渍，使活体原料“醉”熟成菜的冷菜技法。

工艺流程　选料→加工处理或预热处理→酒调味液腌制→取出装盘。

机理、关键和特点　这种技法与炝法的“活炝”相似，常易发生混淆，例如将“活炝河虾”称作“活醉河虾”。两种技法的主要区别在于：一是活炝原料在酒溶液中腌渍的时间短，而酒腌的原料在酒溶液中腌渍的时间长，有的多达20天。二是活炝原料不作预热处理，只要经过加工处理即可腌渍。而酒腌法的原料有许多须用焯、氽、烫等办法断生，或用煮、蒸等办法预制成熟后才能再行腌渍，如醉腰丝、醉鸡等；还有的直接将原料和酒调味液放入锅中，边腌渍边加热烧煮成菜，如醉猪蹄等。由此形成了酒腌法菜肴的独有特色。其中以活醉法的制品最有影响，如醉蟹、醉螺、醉蚶等。

菜例：醉蟹（见彩插图3－8）

原料　活螃蟹500克，白酒50克，料酒（绍兴黄酒）50克，盐50克，花椒10克，姜片50克。

工艺 ①将活蟹(选形体大小适中的雌蟹)置于盐水盆中，浸泡去污，洗净泥沙杂物，取出，放入容器中加白酒浸腌。

②将料酒、盐、花椒、姜片等放入锅内，加清水适量，调匀，架在火上加热煮开，出味后冷却，即成料酒调味液。

③将用白酒浸过的螃蟹置于容器中，倒入调制好的料酒调味液，要没过螃蟹，然后密封腌制，直到螃蟹入味溢香时，取出食用。腌渍时间至少要两三天，腌渍时间长一些味道更好，一般以半月左右为最好。

四、冻

技法定义 将富含胶质的原料加热溶解，再冷却凝固成系列晶冻冷菜的技法。

工艺流程 选料→加工处理→加热融化→冷却凝固→改刀装盘。

机理、关键和特点 这种技法是利用胶质原料加热溶解、冷却结冻的特性制菜，因菜肴成熟后必须经过冷却结冻的工序，餐饮业就把它叫做“冻”法。还由于这种菜肴冷却凝成的胶冻清澄透亮有如水晶，餐饮业为美化菜名，常常冠以“水晶”两字。这类冷菜大体分为咸、甜两类。其中，鲜咸水晶冷菜晶莹美观，口味丰美，素来受到欢迎，以江苏菜的镇江肴肉(又名“水晶肴蹄”)最享盛名。除美观外，它具有香、酥、鲜、嫩四大风味特色，较全面地体现了冻技法的基本技术内容和操作要领。

目前用于制作晶冻的原料按其胶质来分，可分动物胶、植物胶两类。动物类胶质是由胶原蛋白和弹性蛋白组成，主要存在于动物原料的表皮、骨头及结缔组织中;植物类胶质以海产石花菜含量为最丰富，是制作琼脂的主要原料。动物胶和植物胶之所以能够结成晶冻，是因为无论是动物还是植物中所含的胶质分子，对水都有较强的亲合力，而这种特性又随着温度升高而加强。当含有胶质的原料和水一起在火上加热时，水开后胶质就溶于水中，这种状态呈液体，通常称之为“溶胶”;当离火降温时，胶溶液中胶质分子的运动也随之转为缓慢，彼此之间互相联结起来，形成许多不规则的特殊网状组织结构。这些网状结构细小的空隙，又紧紧吸纳了水并将水包住，使水不能流动。换句话说，就是水分子分散在胶质体之中，凝结成富有弹性的、呈胶状体的半固体状态，通常被称为“凝胶”，餐饮业就叫它为“冻”。例如:果“凝胶”再加热时就又全部溶解为“溶胶”，“溶胶”再降温时又凝固成“凝胶”，如此随温度而不断地循环变化。

无论动物胶还是植物胶都是无色、无味的，并且不易被人体吸收，营养价值不高。它们虽可直接制成胶冻，但不能单独制成菜肴。因此，必须和其他原料配合才能制成美味可口、富有营养的菜肴。其中，动物胶适宜制作成鲜咸口味的冷菜，如和鱼、鸡等原料相配，制成鱼冻、鸡冻等。但有些动物性原料，既含多量胶质又含营养素和鲜味物质，如猪肘子等，这类原料可直接制成美味的冻菜。植物胶适宜制作甜菜，如和瓜果类原料配合，可以制成多种风味的果冻、杏仁豆腐等，口感清爽甘甜。

含胶质丰富的猪皮和琼脂，大都是先制成“溶胶”，再和其他鲜料配合、冷却，凝结在一起成为冻菜。其中，琼脂制作“溶胶”较为简便，即把琼脂放入锅中，加适量的水，架在火上烧开，化匀即成。猪皮制“溶胶”较为费事，大都采用煮制的方法。煮前，将猪皮表面的毛及污物刮净，再把皮上的脂肪刮去，然后放入碱水浸泡，把皮中脂肪除净，否则制成后的冻不透亮，混浊不清。猪皮洗净，放入开水(水量与猪皮保持合理比例)锅中，加去腥的葱、姜、料酒等同煮，先用旺火烧开，改用小火长时间地煮，煮至猪皮用手可以捏碎，捞出，用刀剁或用绞肉机绞碎，放回原锅，继续用小火煮，直至猪皮全部煮化为止，离火，过滤即成。然后和别的鲜味原料混合，冷却凝结成菜。富含胶质的鲜味原料也可直接制成冻菜，方法与制作猪皮相同，只是要根据原料的质地老嫩情况和成品质感酥烂或软嫩等不同要求，控制好加热时间。

所有的胶冻，无论动物胶冻或植物胶冻，都是含有大量水分的胶体，其牢固性差，一旦存放时间较长或室内温度增高时都会自然化开、出水，甚至冻体软塌散碎。因此，制成的冻菜应及时食用或放入冰箱保存。冰箱内温度不宜太低，如低于零度时胶冻也同样会受到破坏。这是因为过低的温度会使胶冻中的胶原分子之间的连接力小于水的冻结力，从而减弱了胶原分子对水的亲合力，使胶体网状结构组织遭到破坏，水分子就能离开胶体流动，并自由结合，逐渐聚集成许许多多的细小水滴渗出。如果再进一步受低温冻结成为冰渣，就会大大降低冻菜的品质。

菜例：水晶肴蹄（见彩插图3－9）

原料　去爪猪蹄膀(即猪肘)十只重15000克，粗盐500克(包括腌渍、制卤用盐)，料酒50克，大料20克，花椒20克，葱段50克，姜片50克，明矾1.5克，硝水5克，姜丝、醋各一小碟。

工艺　①将每只猪蹄膀刮洗干净，用刀从正中剖开(不能偏斜)，剔去骨、筋，皮朝下平放在案板上，分别用铁扦在瘦肉上戳一些小孔；然后在所有蹄膀上均匀洒上硝水，放入粗盐95～125克，揉匀擦透后平放在容器内进行腌制(其中使用盐量及腌制时间根据季节而定，一般来说冬季用 盐95克，腌七天左右；春秋季用盐110克，腌三四天；夏天用盐125克，腌6～8个小时)，腌后放入清水中浸泡一段时间，去掉重咸和涩味，并刮去沾在皮上的污物，最后用温水漂净。将葱段、姜片装入一个布袋，将大料、花椒装入另一个布袋，扎紧袋口。

②锅架火上，放入清水6000克，粗盐400克，明矾1克，用旺火烧开，撇去浮沫，将猪蹄皮朝上下入锅内，再开后撇去浮沫，下入葱姜袋和大料袋，加入料酒，盖上一个竹箅子，上放一个清洁的重物压住猪蹄用小火煮制。水面微沸，约煮1.5～2个小时，将猪蹄上下翻换，然后仍然蹄皮朝上，全部放回锅内，续煮两三个小时；煮至猪蹄酥烂时，先捞出葱姜和大料袋；再捞出猪蹄，并用锅内的汤冲刷几下，分放两个大方盘内(每盘放五只)，整齐码放。

③原汤的锅回到火上继续烧开，放入明矾0.5克，补添清水250克，再开后撇去浮油，使汤汁洁净，然后倒入两个猪蹄盘内，以刚好淹没肉面为度；冬季放入阴凉处自然冷却凝冻，其他季节则要存入冰箱凝冻。多余的汤汁保留下次使用，行业内称它为“老卤”。食用时，改刀切片，分别装盘上桌，另跟姜丝和醋碟佐食。

五、熏

技法定义　将原料放置于密封的容器内，利用可燃物不完全燃烧产生的烟使原料成熟的技法。

机理、关键和特点　这种技法是将生料加工，或用预制好的熟料，用燃烧熏料所产生的具有独特香气的高温热烟熏制，使原料附着烟香气成菜。具体做法是：用大铁锅一口，锅底放入锯末等熏料，锅上摆上铁丝网架或铁箅子，上面放上被熏的原料，盖上锅盖，盖严盖实，以防止熏时跑气、跑烟；然后架到火上，用不太旺的火烧，使锅内熏料受热，形成不完全燃烧的冒浓烟状态；利用这股浓烟和热气熏制原料，使被熏的原料吸收热量，附着烟气，从而取得原料增香（烟香味）、上色（金黄色或黄褐色）的熏制效果。其中，增香是熏法的主要目的。

熏的技法具有悠久的历史，许多古籍资料中都记载了它所起的作用和广泛的功能。餐饮业主要用这种技法制作具有特色的冷菜。它的突出特色是烟香浓郁，而且是不同的较持久的香气。其机理为：不同的熏料产生了不同的香气，使熏菜出现了不同的风味特色。一般常用的熏料有锯末、松柏枝、香樟树叶、茶叶、竹叶、甘蔗渣、花生壳、葵壳、谷米糠、米饭、锅巴、白糖等。这些熏料，特别是前几种熏料，在不完全燃烧时均能生成独有的烟香气，再加上不同的配比，如茶叶、糖、米饭配，香樟树叶、茶叶、松柏枝配，锯末、糖配等，就产生了不同特色的烟香味。这些熏料在其不完全燃烧时所产生的烟，既有热量，又有香味，还能抑制微生物繁殖。所以，它既能直接灭菌又使原料受热，还有很高的附着性，在一定时间烟香不会消失，在较长时间内也不会褪色。

熏法的用料比较广泛，但以动物性原料为多。常用的是鱼类，猪、牛、羊肉及其内脏，鸡、鸭、鸽及其蛋品等；植物性原料用的较少，只限于冬笋、茭白及豆制品等。熏法中的生熏法、熟熏法，其熏制机理和取得效果大体相同，但是两者之间也有明显区别：一是目的不尽相同。熟熏法只要求增香、上色，而生熏法还要求成熟。二是原料的加工处理不完全相同。熟熏法的原料只须用调料腌渍入味后即可熏制；而生熏法的原料，既要经过腌渍入味，又要用蒸、炸等方法预制成为熟料才能进行熏制。三是所用熏料也有差异。一般来说，生熏法所用的熏料中必有几种用水浸湿，如湿锯末、湿茶叶等，以保证在熏制过程中产生足够高温的蒸气量，使生料受热成熟；而熟熏法没有成熟度的问题。四是熏制成品的风味、质感也有许多不同，各有出色的名菜。如上海风味的“生熏白鱼”和四川风味的“樟茶鸭”，都是脍炙人口、久享盛誉的特色熏菜。从共性上看，熏法的关键主要在于火候的控制，一般来说，熏制的火力不能旺，以中小火为主，这种火力必须使锅内熏料处于不完全燃烧的冒浓烟状态，并要尽最大努力防止锅内熏料产生明火，否则不但烟量锐减，起不到烟熏的作用，而且容易将原料烧焦、炭化。熏料宜选用不易着火的锯末、谷糠等为基本熏料，这是防止明火的一项技术措施。

熏菜风味独特，成品色泽黄褐，油润光亮，烟香浓郁，咸鲜适中。但也有一些冠以“熏”名的所谓熏菜，实际与熏法无关。如南味熏鱼，就是加工好的鱼块经过油炸上色，再用卤汁焖烧，收干卤汁成菜。这是因为卤汁中有近似熏制的烟香效果而取名的，而并未使用熏制的技法，这一点不要弄混淆。

（一）生熏

技法定义　将加工处理过的生料置于熏锅中，利用熏料燃烧产生的高温气体和烟香气使原料均匀受熏并附着烟气，实现增香、上色、致熟成菜的冷菜技法。

工艺流程　选料→加工处理→熏制→装盘。

机理、关键和特点 机理前文已述。生熏制品熟后即可食用，也有少数品种熏后另行加工成菜。熏制后一般都要在原料表面涂抹一层香油，以增加菜肴的光润度和香气。生熏技法看似比较简单，实际上却有许多严格的要求，主要有以下几个操作特点：

1. 生熏选料较为严格

在熏制过程中，只依靠熏料燃烧所产生的烟气加热，这种热量十分有限，远比不上油媒、火媒、水媒、气媒的热量，原料不易熏熟。况且熏制时间也不宜太长，否则熏料容易引起明火破坏熏制。另外，原料附着过重的烟香味，也会掩盖原料本味。所以，生熏所用主料只能选用那些新鲜度好、质地细嫩、容易成熟，受熏面大、体形扁平的原料。但是符合这样条件的原料并不多，只有鱼类中的鲳鱼、鳜鱼、白鱼等几个品种，而其他体大肉厚的鱼或体型成梭形、圆筒形的鱼，在熏前都要加工成为大的薄片或段、块状，以便在熏制的时候能够与气体、烟味扩大接触面，更好地成熟入味。还要尽量选用腥味小的新鲜鱼，也可在熏前用开水焯烫去腥。

2. 必须在熏前腌渍定味

因为在熏制过程中不能进行调味，所以熏制前须用多种调味料调制味汁，再将熏的原料放入腌渍，直至味汁的滋味被原料吸收为止，腌渍时间一般不得少于一两个小时。调料分量要准，这样才能定准滋味，以免影响成菜风味。

3. 熏料要加水，以便受热时产生蒸气

熏料中吸水性好的有锯末和茶叶，是所有生熏的主要熏料。熏料加水要适当，过多过少均不宜。同时也要根据熏制原料的多少和熏锅的大小深浅来决定熏料的用量，以免浪费熏料。在熏制开始时先用旺火烧，使湿熏料产生蒸气，当湿熏料水分大部蒸发时就要改用小火，以形成浓烟，利于熏制。

4. 掌握好生熏的操作细节

生熏法是比较细致的操作，一是要使熏料与原料保持适当的距离；二是所放原料切忌互相重叠；三是掌握好熏制时间，一般在 5～10 分钟左右。

菜例：生熏白鱼（见彩插图 3－10）

原料 白鱼 500 克，酱油 40 克，盐 3 克，料酒 1 5 克，糖 25 克，味精 2 克，葱段 25 克，姜块 15 克，香油 10 克，熏料及垫底葱适量。

工艺 ①将白鱼去鳞、鳃及内脏后洗净，平放在案板上，用刀尖在鱼肚内脊背大骨上下处顺长划上两刀，便于渗入调味料；然后将鱼切成两段，放入容器内，加入酱油、盐、料酒、糖、味精、葱段和姜块（均用刀面拍碎），腌渍两三个小时，使鱼入味。

②取大铁锅一个，锅底放锯末 150～200 克，加适量水拌和均匀（用茶叶、糖等作熏料亦可），锅的上面架上箅子或铁丝网络，放上青菜叶和葱数根（防止鱼粘住箅子），将腌制入味的白鱼摆在葱上，盖严锅盖，然后把锅架在火上用旺火烧，引起锯末的水汽化产生高温蒸气，对白鱼进行气蒸加热。当锯末中水分烧干、被引燃起烟时，白鱼基本成熟，这个过程大体需要四五分钟。当锯末开始冒火时，即可一手拿起锅盖，一手拿白沙糖撒在锅的四边，撒后迅速盖好锅盖，使锅内冒起浓烈的粘性烟，熏两分多种，鱼体附着烟气后，上色、增香、熟透即成。

③从熏锅中取出鱼盛入盘内，两面均匀刷上香油，即可上桌。

（二）熟熏

技法定义　将预制好的熟料置于熏锅中，加盖密封，使燃烧的熏料散发浓烈的烟气，把原料熏制成菜的冷菜技法。

工艺流程　选料→预热处理→熏制→切配装盘。

机理、关键和特点　这种技法的熏制与生熏完全相同，只是增加了预制工序。熟熏的主要目的是上色、增香，没有成熟的问题，因为原料是预熟的。熟熏比生熏有较大的优势，最主要的是原料来源广泛。一般来说，绝大多数动物性和植物性原料都可用来熟熏，如猪、牛、羊、鸡、鸭、鹅、鸽、蛋、鱼等以及冬笋、茭白、豆制品等。熟熏菜肴的品种、风味也丰富多彩，餐馆中经营的熏菜绝大多数都是熟熏菜。而且可以使用大块料和整料，如原形的鸡、鸭、鱼和蛋品等。

熟熏较生熏复杂之处，就是原料都必须预制成为熟料。预制手段是非常丰富的，可以运用蒸、煮、炸、卤等一系列方法，但不管怎样变化都是要为熏制服务的。因此任何预制方法都要达到三个标准：原料成熟度恰当，符合成品要求；调味要准确，符合成品的定味标准；形态要完整，特别是整只整条的原料，要保持自然形态。但为了入味和内外口味的一致，有些整料也可加工成片、块等小形料进行预制，预制后可拼成原形。熏制操作应注意以下几点：

第一，熟料制好后要趁热放入熏锅熏制，不可停留过久。

第二，熏前要擦干原料的表面，保持干爽，以利于烟气附着。特别是一些动物性原料所含脂肪丰富，熟制后表皮极易溢出油分，直接影响烟气附着，也要尽量擦净。

第三，熟熏的火候与生熏相似，火力可以稍旺一些，使较快地产生烟气，但要以熏料不出明火为限。但也要防止火力过大或熏料过多，以及熏时过长形成的焦烟气味影响原料本味。

第四，熏后取出，趁热涂抹香油后，须静置冷却一定时间，使原料上过重烟气走失一些再上桌，以达到熟熏的最佳效果。

菜例：樟茶鸭（见彩插图 3－11）

原料　光体肥鸭一只重 2000 克，盐 10 克，料酒 25 克，花椒 5 克，胡椒粉 1.5 克，醪糟汁 50 克，植物油 4000 克（实耗 100 克），香油 15 克，熏料（樟树叶等）适量。

工艺　①将鸭放在案板上，用刀从尾部横开长 7 厘米的刀口，取出内脏，割去肛门，用清水冲洗鸭肚内的血污，洗净，晾干；放入容器内，用盐、料酒、花椒、胡椒粉、醪糟汁拌和的味料擦抹鸭的全身，抹匀后，腌制 8～12 个小时，入味后取出，晾干；再投入沸水锅焯烫一下，紧缩表皮，去净异味，捞出，控干水分。

②取熏锅一口，锅内放樟树叶 50 克、花茶 50 克、松柏枝 500 克、稻壳 500 克（作用同锯末）等熏料。锅上架铁箅子或铁丝网，将控干水分的鸭子放在上面，加盖，架在火上，引燃熏料，冒起浓烟，熏约 3～5 分钟，熏至烟香附着，鸭体呈黄色时，停熏，取出。

③将熏好的鸭子放入大碗内，入屉上笼，架在蒸锅上，用旺火把水烧沸，冒大气时，改用中小火蒸制两三小时，蒸至鸭肉酥软，取出冷却，待用。

④油锅架在火上，放入植物油，用旺火烧至七八成热，将冷却的鸭子投入浸炸，再改用中火炸约五六分钟，边炸边翻动，炸干鸭体表面水分，待鸭皮松脆并呈红褐色

时，捞出，控油后刷上香油，冷却后改刀切成条块，码入盘内。即先将鸭颈剁成长2厘米的段，放在盘底中间，再将鸭身剁成长4厘米、宽2厘米的长方条，鸭皮朝上，盖在鸭颈上面，摆成鸭形，上桌与荷叶饼同食；有的还另配甜面酱、葱白段小碟佐食。

第二节　冷菜拼摆的基本方法

冷菜拼摆的方法，从拼摆手法上可分为堆、排、叠、围、贴、覆等6种；从拼摆造型上可分为弧形拼摆法、平行拼摆法、叶形拼摆法、翅形拼摆法4种。这几种方法贯穿于冷菜制作的始终，它的技术好坏是决定艺术拼盘造型美观、生动逼真的基础。

一、冷菜拼摆的手法

（一）堆

堆就是把冷菜堆放在盘的中间。堆的原料大多是细丝、小片、小粒等拌制冷菜的小型原料，如拌莴苣、萝卜丝、鸭肫、油爆虾等。堆除用于艺术拼盘的垫底外，有时也用于单盘或双拼盘。用堆的手法可堆出三角形、圆锥形、菱形等简单图案；也可以用核桃仁堆成惟妙惟肖的假山等。堆的手法具有随意简单的特点。

（二）排

排就是把经刀工处理后的冷菜成行地摆在盘中。排的原料大都是加工成较厚的长方块或椭圆块，如水晶肴蹄、五香牛肉、叉烧猪肉等。拼摆根据盛器及冷菜形状的不同，又有各种不同的排法。有的适宜排锯齿形，如拼摆火腿、羊糕；有的适宜排椭圆形，如油爆虾去头壳对镶成椭圆形；有的适宜配色间隔排，如拼摆金钱鸭卷等。排的手法具有变化多样的特点。

（三）叠

叠就是把冷菜切成片后整齐地叠成各种形状，一般以叠片为主。叠的原料多是韧性、硬性、脆性、无骨的居多，如五香牛肉、盐水鸭、油焖冬笋等。叠是一种比较精细的操作过程，往往与刀工同时进行，随切随叠，叠好后铲起，装在垫底、盖边的面上，或是切成长片、半圆片，折叠成花朵形、叶片形、梯形。叠的手法具有整齐美观的特点。

（四）围

围就是把切好的冷菜按色泽在盘中排列成环形，层层围绕，组成各种花朵形图案。围的原料没有限制，但要求同类原料不能同盘，有汁液的原料不能与松类原料同盘。围除了用于艺术拼盘外，一般也常用于单盘或什锦拼盘。围的手法有多种，在已排好的主料四周，另围成花朵形，在中间再点缀一点配料成花心，称为“排围”。如将松花蛋切成象牙块在盘中围成花朵，中间放姜末、黄瓜等。另外，有些冷盘因外沿不整齐或色泽单调，可用红椒丝、黄蛋松、绿菜松围边，加以补救。围的手法具有烘托主料的特点。

（五）贴

贴（也称为“摆”）就是运用精巧的刀工技法，把切成各种形态的冷菜在盘中拼摆出水、花卉、飞禽、走兽等图案。贴的原料多是黄瓜、胡萝卜、火腿、香菇等。采用贴的手法必须具有一定的艺术修养和熟练的刀工技巧，经过反复的实践摸索后才能贴出形态优美、栩栩如生的冷菜造型来。贴的手法具有精巧细腻的特点。

（六）覆

覆（也称为“扣”）就是将冷菜熟料切成片、丝、块，整齐地放入碗中并加以适量卤汁，上桌前翻扣在盘内。覆的原料一般都是无骨无皮的鲜嫩原料。覆的方法有两种：一种是将一般质量的冷菜垫底，上面再覆盖一层较好质量的冷菜，如用黄瓜丝垫底，再用鸡丝盖面，以达到突出主料的目的，这种方法不用翻扣。另一种是用于冻制的冷菜，即将冷菜装在碗内加卤汁冻制，临吃时将已冻好的成品翻扣在盘中，如水晶冻鸡等。覆的手法具有造型美观的特点。

二、冷菜拼摆造型

（一）弧形拼摆法

弧形拼摆法即是指将切成的片形材料，依相同的距离按一定的弧度，整齐地旋转排叠的一种拼摆方法。这种方法多用于一些几何造型（如单拼、双拼、什锦彩拼等），排拼（如菊蟹排拼、腾越排拼等）中弧形面（扇形面）的拼摆，也经常用于景观造型中河堤（或湖堤、海岸）、山坡、土丘等的拼摆。可见，这种拼摆方法在冷盘的拼摆制作过程中运用非常广泛。

在冷盘的拼摆过程中，根据材料旋转排叠的方向不同，弧形拼摆法又可分为右旋和左旋两种拼摆形式（图 3－12）。在冷盘的拼摆制作过程中，运用哪一种形式进行拼摆，要按冷盘造型的整体需要和个人习惯而定，不能一概而论。在冷盘造型中某个局部采用两层或两层以上弧形面拼摆时，要顾及到整体的谐调性，切不可在同一局部的数层之间，或若干类似局部共同组成的同一整体中，采用不同的形式进行拼摆。否则，就会因变化过于强烈而显得零乱，不一致，不谐调，影响整体效果。

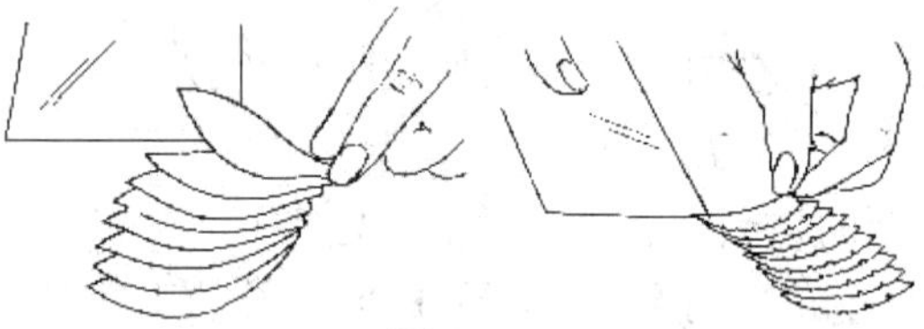

图 3－12

（二）平行拼摆法

平行拼摆法是将切成的片形材料，等距离地往一个方向排叠的一种拼摆方法。在冷盘造型中，根据材料拼摆的形式及成形效果，平行拼摆法又可分为直线平行拼摆法、斜线平行拼摆法和交叉平行拼摆法等三种拼摆形式。

1. 直线平行拼摆法

就是将片形材料按直线方向平行排叠的一种形式（见图 3－13）。这种形式多用于呈直线面的冷盘造型中，如“梅竹图”中的竹子，直线形花篮的篮口，“中魂”中的华表，直线形的路面等，都是采用了这种形式拼摆而成的。

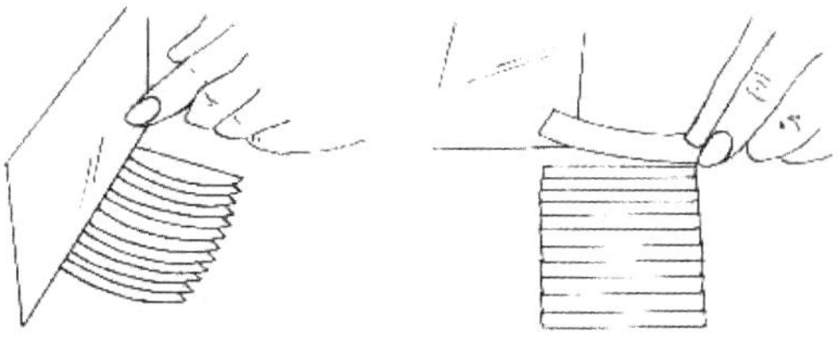

图 3－13

2. 斜线平行拼摆法

是将片形材料往左下或右下的方向等距离平行排叠的一种形式（见图 3－14）。景观造型中的“山”等多采用这种形式进行拼摆，用这种形式拼摆而成的山，更有立体感和层次感，也更加自然。

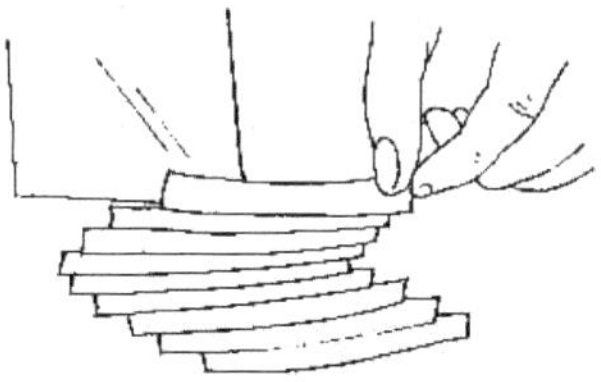

图 3－14

3. 交叉平行拼摆法

即将片形材料左右交叉平行（等距离）往后排叠的一种形式（见图 3－15）。这种方法多用于器物造型中的编织物品的拼摆，如花篮的篮身、鱼篓的篓体等。采用这种形式进行拼摆时，冷盘材料多整修成柳叶形、半圆形、椭圆形或月牙形等，拼摆时所交叉的层次视具体情况而定。

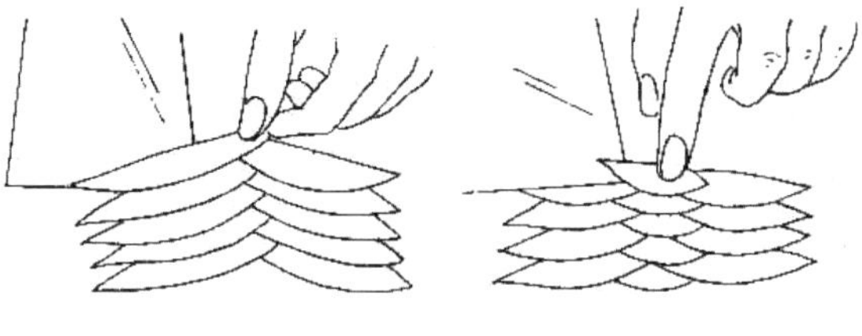

图 3－15

（三）叶形拼摆法

叶形拼摆法是指将切成柳叶形片的冷盘材料拼摆成树叶形的一种拼摆方法（如图 3－16）。这种方法主要用于植物类的拼摆，有时以一叶或两叶的形式出现在冷盘造型中。

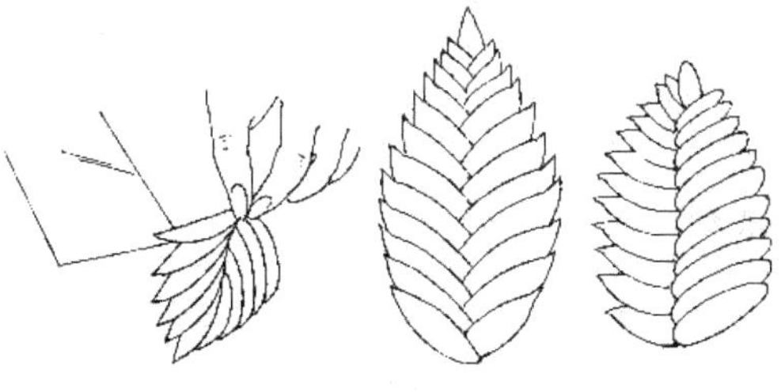

图 3－16

如“欣欣向荣”中百花的两侧、“江南春色”中花卉的左侧等，这类形式往往与各类花卉相结合；有的冷盘造型中则以数瓣组成完整的一枚树叶形式出现，如“蝶恋花”中的多瓣树叶，“秋色”、“一叶情深”、“金秋盼奥运”等冷盘拼摆中的枫叶即是。由此看来，叶形拼摆法在冷盘的拼摆过程中，运用也非常广泛。

（四）翅形拼摆法

由于鸟的种类不同，其形状、性格和生活习性也不一样，但它们相应翅膀的形态、结构和生长规律是相同的。因此，在以鸟类为题材的冷盘造型中，拼摆鸟类翅膀的方法也是相近的（如图3－17）。当然，鸟类在动态中的翅形是千变万化的，但万变不离其宗。只要我们掌握了鸟类翅膀的基本形态、结构及拼摆方法，不管其处于什么状态，翅形的拼摆也就不成问题。

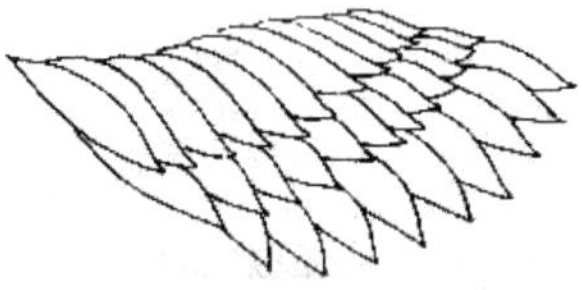

图3－17

在翅膀的拼摆过程中，对冷盘材料的选择（色泽和品种）以及所拼摆的层数，要根据具体冷盘造型而定。有的鸟类的翅膀较宽，那么拼摆的层数就多一些；有的鸟类的翅膀较窄，那么拼摆的层数则少些，不能千篇一律。

第三节　盘式设计的基本方法

盘式，顾名思义就是对菜肴的盘边装式进行美化的一种方法。包括平面的、半立体的切拼图案和立体的食品雕刻造型。除了能对菜肴或整体席面起到一个美化的作用外，还能提升宴会气氛。尤其是为特定形式的宴会所设计的盘式则更是意义深远。就饮食界讲究的上菜程序而言，热菜系列的头菜或大菜往往是宴会的主菜代表菜，这样的主菜代表菜就要根据实际情况在盘式上做些装式美化，但是如果遇到不适合装式的例盅类菜，如燕、翅、鲍等，那就得在余下的菜例中做选择。另外，即便不是宴会，就是一般的场合也得注意盘式与菜肴的搭配是否合理。例如，烹制的是牛羊肉类菜肴，其盛器盘式用椰树图案或虾蟹造型，就会因牵强而显得不伦不类；但是如果盘内盛装的是海味菜式，便会让人耳目一新，有一种身临其境的感觉。再如，一些小例的大众型菜肴，只需略作点缀或直接装盘即可。如果一味的强调装式就会弄巧成拙，既难得体，又失大方。

一、盘式设计的原则

由于烹调方法和使用原料的不同，其菜肴的色泽、芡汁、口味等也各有不同的特点，如有的芡汁少，有的芡汁多，有的口味咸，有的口味甜。因此盘式装饰应遵循以下几个原则。

（一）盘式要与色泽相协调

可根据自己对菜肴色泽的设想来考虑盘式，一般使用的方法是反色配边。即如果菜肴色泽是冷色，就用暖色装饰；菜肴色泽是暖色，就用冷色装饰。其目的是使菜肴色泽突出。这里特别要注意的是，应尽力突出菜肴本来的色泽，切勿盘式的色泽掩盖了菜肴的色泽。

（二）盘式要与形态相配合

因原料、刀工和烹调方法的不同，菜肴就显出不同的形态，有片、丁、丝、条、块及整形等。如果是碎形（如末、丝、丁等）原料烹制的菜肴，一般都用全围围边装饰，这样可以使杂乱的菜肴变的整齐；如果是有造型的菜肴，如排骨、鸡腿等，可用立雕盘式装饰；如果是整形原料烹制的菜肴，则多采用局部的盘式装饰。

（三）盘式要与口味相适应

在制作食用性较强的盘式时，一定要考虑其口味与菜肴口味之间的关系。为了避免串味，一般甜的菜肴都用甜的原料装饰，咸鲜的菜肴就用咸鲜的原料装饰，煎炸的菜肴就用爽口的原料装饰。

（四）盘式要与盛器相统一

盘式离不开盛器，一道菜肴如果选用合适的盛器，再进行适当的装饰，可以把菜肴衬托得更加美观，给人以悦目的感觉。如“青椒爆虾”在桔红的爆虾与淡绿的盛器之间放置几颗樱桃和青椒，做为小围边，便使盛器和菜肴浑然一体。

（五）盘式与季节相符合

以花卉作为盘式为例，春天配桃花，夏天配荷花，秋天配菊花，冬天配腊梅，给人一种身临其境、似闻花香的感觉。

（六）盘式要与营养相配伍

营养是菜肴的基本属性之一，因此食用性盘式应考虑到这一因素。如果水果原料作为肉类菜肴的盘式，这样既可增加水果的香味，又可改善营养搭配，补充其维生素、纤维素的不足，增加了菜肴的美观。

（七）盘式成本不可太高

盘式的成本不可大于菜肴主料的成本，否则就违背了“食用为主，美化为辅”的原则，同时影响整个宴席的成本。

（八）盘式要与宴席相辅相成

盘式装饰主要是为宴席服务的，宴席菜肴的盘式制作可以代表盘式制作的最高水平，其装饰的原则可以从以下几个方面考虑：

1. 根据宴席的规格确定盘式的质量

普通的宴席，用普通的、简单的盘式装饰，如果采用较高质量的盘式装饰，有喧宾夺主之感。高档次的宴席，则必须采用高档次的盘式，以相互补充，提高菜肴的质量。

2. 根据接待对象和食者的要求制作，不可强求一致

如果食者是朴实的人，就不需要搞太多的盘式装饰；如果食者是华丽的人，则应在宴席中安排较多的盘式装饰。

3. 根据宴席的主题对菜肴进行盘式装饰

如祝寿席，就用胡萝卜刻成寿星摆在盘上，表示“寿比南山”，以增加喜庆气氛。

二、盘式制作的原料

出于对美化菜肴的考虑，盘式原料一般选用色彩艳丽的绿叶蔬菜和新鲜瓜果。原料来源广泛，成本费用低廉，一般是根据不同的季节选用应时的常见果蔬、咸鲜和煎炸菜肴常配爽口原料，甜味菜肴喜以水果相衬。由于每道菜肴的风味特色不同，所用盘式原料也有很大差异。用做盘式雕花点缀的原料有苹果、雪梨、菠萝、柠檬、广柑、橘子、黄瓜、胡萝卜、番茄、红苕、地瓜、洋葱、大葱、白萝卜、青萝卜、青笋、青椒、荷兰芹、芫荽、西兰花等。各类蔬菜、瓜果原料在入馔镶盘前均要进行洗涤消毒，待制成后再放进咸鲜汁或糖水液中浸渍。

三、盘式装式形式

盘式装式形式又分为平面型盘式装式、立雕型盘式装式、半立体型盘式装式、自然型盘式装式。

(一)平面型盘式装式

平面盘式装式以常见的新鲜水果、蔬菜为原料，利用原料固有的色泽形状，采用切拼、搭配、雕戳、排列等技法，组合成各种平面纹样，围式于菜肴周围，或点缀于菜盘一角，或用做双味菜肴的间隔点缀等，构成一个高低错落有致、色彩和谐的整体，从而起到突出菜肴特色、丰富席面、渲染气氛的作用。平面盘式装式形式一般有以下几种：

1. 全围式花边。即沿盘子的周围拼摆花边。这类花边在热菜造型中最常用，它以圆形为主，也可根据盛器的外形围成椭圆形、四边形等，其基本构图形式如图 3－18 “牡丹干贝”所示。

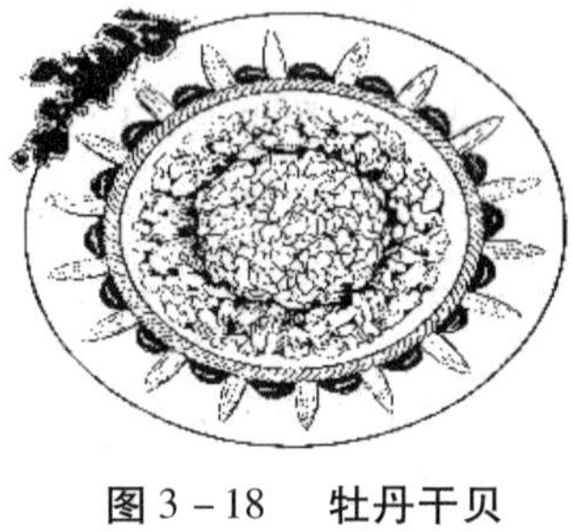

图 3－18　**牡丹干贝**

2. 半围式花边。半围花边即沿盘子的半边拼摆花边。它的特点是统一而富有变化，不求对称，但求协调。这类花边主要根据菜肴装盘形式和所占盘中位置而定，但要掌握好盛装菜肴的位置、形态比例和色彩的和谐。其基本构图形式如图 3－19“菊花滑鸡柳”所示。

图 3－19　**菊花滑鸡柳**

3. 对称式花边。对称花边是在盘中制作相应对称的花边形式。这种花边多用于腰盘。它的特点是对称和谐、丰富多彩。一般对称花边形式有上下对称、左右对称、多边对称等。其基本构图形式如图 3－20“牡丹鱼肚”所示。

图 3－20　牡丹鱼肚

4. 象形式花边。即根据菜肴烹调方法和选用的盛器款式，把花边围成具体的图形，如扇面形、花卉形、叶片形、花窗格形、灯笼形、花篮形、鱼形、鸟形等。其基本构图形式如图 3－21“宫灯照明珠”所示。

图 3－21　宫灯照明珠

5. 点缀式花边。点缀花边就是用水果、蔬菜或食雕形式点缀在盘子某一边，以渲染气氛、烘托菜肴。它的特点是简洁、明快、易做，没有固定的格式。一般是根据菜肴装盘后的具体情况，选定点缀的形式、色彩以及位置。这类花边多用于自然型热菜造型，如整鸡、整鸭、清蒸全鱼等菜肴。点缀花边有时是为了追求某种意趣或意境，有时是为了补充空隙。如盘子过大或装盛的菜肴不足时，可用点缀式花边形式弥补因菜肴造型需要而导致的不协调、不丰满等。其基本构图形式如图 3－22“四辣果味鱼”所示。

图 3－22　四辣果味鱼

6. 中心与外围结合式花边。这类形式的花边较为复杂，是平面盘式与立雕盘式的有机组合，常用于大型豪华宴会、筵席中。选用的盛器较大，装点时应注意菜肴与形式统一。中心食雕力求精致、完整，并要掌握好层次与节奏的变化，使菜肴整齐美观、丰盛大方。其基本构图形式如图 3－23“鸭梨鸡腿”所示。

图 3－23　鸭梨鸡腿

（二）立雕型盘式装式

这一装式是一种结合食雕的盘式形式，一般配置在宴会席的主桌上和显示身价的主菜上，常用含水分、质地脆嫩、个体较大、外形符合构思要求且具有一定色感的果蔬。立雕工艺有简有繁，体积有大有小，一般都是根据命题选料造型，如在婚宴上采用具有喜庆意义的吉祥图案。立雕盘式配置在与宴会、筵席主题相吻合的席面上，能起到突出主题、增添气氛和食趣、提高宴会规格档次的作用。比如，“寿宴”菜肴盘式的设计就要考虑桃形，或搭配一些寓意吉祥的食雕作品，如“松鹤延年”、“福禄喜寿”、“南极仙翁”、“麻姑献寿”等；为商务洽谈设计的盘式装式，则应该选“鹏程万里”、“马到成功”、“财源滚滚”等题材，其渲染效果是可想而知的。其基本构图形式如图 3－24“绣球金针菇”所示。

图 3－24　绣球金针菇

（三）自然型盘式装式

菜品盘式装式也可称为菜肴自我盘式装式，它是利用菜肴的主、辅原料，按一定的形象进行烹制成型的一种装式方法。如制成金鱼形、琵琶形、花卉形、几何形、玉兔形、佛手形、凤尾形、水果形、橄榄形、元宝形、叶片形、蝴蝶形、蝉形、小鸟形等之后，再把成型的单个原料按形式美法则围在拼盘中，将食用价值与审美价值融为一体。这类盘式形式在热菜造型中运用得最为普遍，它可使菜肴形象更加鲜明、突出、生动，给人一种新颖雅致的美感，菜肴“琵琶虾”和如图 3－25 中的“海参灯笼”即为两例。

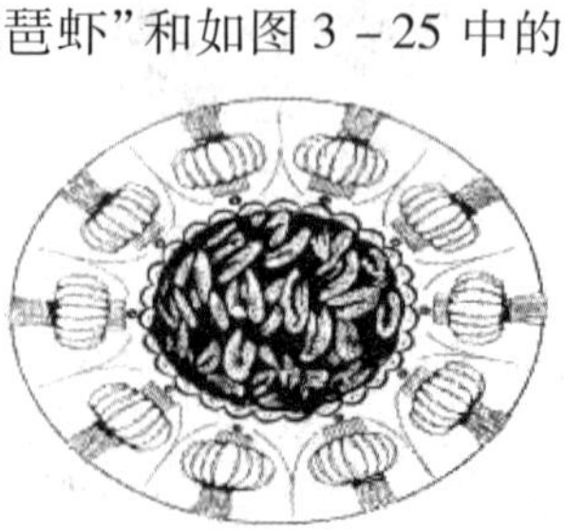

图 3－25　海参灯笼

四、盘式装饰的方法

盘式制作须运用与砧板加工菜肴不同的刀法和手法。本书编写者学习前辈厨师的雕刻手法，加上亲身实践中吸取的经验，总结出以下几种盘式装饰的基本刀法和手法。

(一)切

切是制作盘式中使用较多的一种刀法。切可分为直切、推切、拉切、锯切、铡切等。在盘式制作中，使用最多的是锯切这一刀法。锯切又称为推拉切，适合切一些质软、松散、易碎的熟食品。

(二)刻

刻是食品雕刻最基本的刀法，包括用各种刀具铲出、戳出造型的方法。刻出的原料一般成型较均匀。围出的花边整齐统一。

(三)削

削也是盘式制作中使用较多的一种刀法。削的刀法主要运用在原料的粗坯加工中，如去皮、削圆等。

(四)旋

旋的刀法是指刀随着原料旋转雕刻，此法多用于各种花卉的雕刻。它可分成内旋刀法和外旋刀法两种：内旋刀法即刻制花瓣由外向内雕刻；外旋刀法即刻制花瓣由内向外雕刻。

(五)划

划的刀法，即在所要刻的原料表面，用刀尖或刻线刀轻轻画出所构思的图案。

(六)嵌

嵌指的是镶嵌，即用刻刀或戳刀按一定的形状剜去原料的某些部分，然后再在这些部分上补入所需形状的其他原料。它既是一种刀法，又是一种手法。

(七)卷

卷是盘式制作的一种手法。在盘式制作中占有很重要的地位。使用这种手法时，一定要注意原料的形状和刀工处理。要选一些韧性的原料；在刀工处理时一定要片得既薄又均匀。这样卷出来的花形才好看、逼真、自然。

(八)叠

叠就是把制成的片状或块状原料重叠拼摆成各种不同的图案和花形。使用这种手法时，要注意原料色彩的搭配，通常使用的是冷暖色相间隔的方法，力求叠摆出来的图案色彩和谐、雅致。

(九)串

串就是将片状、块状或球状的原料用竹签串起成花形，然后围成花边。使用这一手法时，要注意加工的原料要均匀，各串的数量要相等。只有这样，制成的盘式才显得整齐、一致。

(十)摆

摆是最普通的也是最常用的一种手法，也就是将制好的花边围在圆盘四周或一边或当中，使之组成预先构思好的图案。摆时手法要轻。刀法要整齐、均匀。

第四节　果盘设计的基本方法

水果切雕艺术是20世纪80年代初首先在沿海地区各大城市兴起，后遍布全国各地。它是审美价值与食用价值的结合体，是由五颜六色的水果经过雕切、艺术拼摆所表现出的一种食品艺术。现代人对水果雕切并不陌生，在餐厅用餐后上一盘水果或亲朋好友聚会做一盘创意水果拼盘已成为一种时尚。水果切雕艺术已成为现代饮食娱乐行业不可缺少的食品艺术。

一、水果雕切用具

（一）长形水果刀

刀身长分30厘米、36厘米两种规格。特点是刀身长且薄，刀口锋利，重量轻，使用灵活方便，是制作水果拼盘的主要刀具。

（二）尖刀

这种刀类似于西餐刀。刀身长23厘米。用法及特点与长形刀基本相似，选择时因人而异。

（三）雕花刀

市场上常见的有弯刀、直刀两种规格，长度为15～20厘米。特点是刀身薄且长，刀刃尖锐而锋利，主要用于简单雕刻。由于此类刀制作上的缺陷，所以一般专业的果雕师就将买回的刀根据自己的需要稍做加工或自行制作，这样用起来就会得心应手。

（四）挖球器

长度18厘米左右，分大、小两端。主要用于水果挖球之用。

二、果盘及装饰物

（一）果盘

规格分大（36厘米以上）、中（30厘米）、小（20～25厘米）三种规格。一般餐饮业适用平底盘或浅底窝形盘、单色或浅色瓷盘、玻璃盘、水晶盘及银盘等。形状可选择多样化，除常规的圆形外，还可选用菱形、多边形、树叶形等。如果家庭水果制作则使用普通的盛菜圆盘、方盘即可。

（二）装饰物

常用的装饰物有樱桃、西香菜、兰花、伞签、旗签等。装饰物是水果拼盘必不可少的组成部分。如做一盘精美的果盘无装饰物的衬托就显得太单调，若加上少许装饰物的点缀就显得落落大方，美观诱人。

三、水果的特性及选购

1. 西瓜。主要分为有籽瓜、无籽瓜、黄肉西瓜等。

特性：生津止渴，解热利尿。

选购:从外表观看，瓜皮贴地面的部位愈黄愈好，表皮透出油亮的颜色且瓜呈均匀椭圆形，如瓜蒂干而四周湿润新鲜则是好瓜。

2. 哈蜜瓜。主要有新疆哈蜜瓜、网纹蜜瓜、白兰瓜等。

特性:味甘、性寒、利尿、止渴等。

选购:外表瓜形端正，呈金黄色，而且具有浓烈的香味，用手轻轻按压瓜蒂部位，如略带柔软的感觉则是好瓜。

3. 菠萝。又名凤梨。分海南菠萝、广东菠萝、进口菠萝等。

特性:含有丰富的柠檬酸，可助消化。

选购:选大而重、颜色鲜黄无外伤者为佳。

4. 苹果。种类繁多。主要选用国产红富士、进口蛇果、青苹果等。

特性:含有丰富的维生素和矿物质，有降低胆固醇、减缓疲劳、促进病后恢复和美容等功效。

选购:果形端正、外表颜色鲜红无外伤者为佳。

5. 橙子。种类繁多，主要选用进口新奇士、澳洲橙、国产脐橙等。

特性:含丰富的维生素，有助消化、消除疲劳、增强体力、抗癌等功效。

选购:表皮光滑细腻、无斑点，呈金黄色，皮薄果肉结实为佳。

6. 梨。主要选用水晶梨、雪梨等。

特性:去痰润肺、去火解渴、利尿等。

选购:表皮光滑无伤、果形匀称且大者为佳。

7. 芒果。分黄皮芒果、象牙芒果等。

特性:含丰富的维生素及矿物质。益胃助消化治呕吐并对气喘咳嗽有一定疗效。

选购:外形匀称，表皮光滑无伤，颜色黄而带绿者为佳。

8. 猕猴桃。又名奇异果或中国醋栗。

特性:含丰富的维生素或矿物质，可助消化及治疗便秘等。

选购:选果实较大、果形端正、果皮外毛稍硬无外伤者为佳。

9. 杨桃。英美称之为星星果。

特性:含丰富的维生素。能润肺、治咳嗽等。不宜多食，否则会引起腹泻。

选购:选外皮光亮，颜色黄而带绿，棱沟饱满者为佳。

10. 樱桃。又名车厘子。以美国进口为主。

特性:含铁量高。可增强体质、健脑益智等。

选购:以果实大而无凹陷、红褐色为佳。

11. 荔枝。主要有糯米糍、妃子笑等。

特性：营养丰富、可健脾止泻、养肝补血等。不宜多食，否则易引起牙龈肿痛、流鼻血、恶心头晕等症状。

选购:以新鲜粒大、色鲜红者为佳。

12. 小番茄。又名番茄仔、长寿果或小西红柿。

特性:可降血压、抗细胞老化、助美容等。

选购:选粒小外形圆而饱满，颜色鲜红发亮者为佳。

13. 提子。以美国黑提子、红提子为佳。

特性:含丰富的单宁及天然色素。有促进血液循环、预防动脉硬化、补血等功效。

选购:红提子应选颜色鲜红、颗粒大，表皮无凹陷且果肉结实者为佳。

四、水果雕切拼盘的注意事项

1. 水果拼盘制作应在食品专用间或环境清洁的场地操作。

2. 操作人员应穿工作服、戴工作帽和口罩，双手消毒清洗干净或戴一次性手套。

3. 雕切水果用具应在使用前消毒清洗。使用专用抹布，每次使用后都要清洗，一布不可多用，以防交叉污染。

4. 所有水果在制作前要用清水浸泡清洗干净，以除表皮污染物质，保证食用安全。

5. 水果拼盘应现做现吃。切开后不及时食用，营养成分容易流失，影响食用价值。

6. 切完每种水果后应立即擦掉留下的果渣，保证砧板表面干净。

7. 雕切水果刀法要整齐，水果摆放要整洁，忌摆放杂乱无章。

8. 选购水果时要严把质量关，坚决不用腐烂变质的水果。

9. 做好的果盘在出品前检查是否留有不干净的斑点或异物。

10. 在取用果盘时应检查盛器是否有破损。如有破损应立即更换，以免划手伤人。

11. 切开的剩余水果应立即用保鲜膜包好放入冰箱内存放。

12. 果雕专用刀具用完后应放入指定的位置，以免滑落发生意外。

五、水果拼盘的类型

由于各种营业场所的经营环境和方式不同，所制作的拼盘也有所不同。根据不同规格和功能，基本分为以下几种类型:

1. 简易水果盘。这类拼盘制作方法简单，一般只选用几种时令水果。简单的切切拼拼组合成盘，用量规格视人数而定。此类拼盘适于中西餐厅及娱乐场所配送果盘，尤其适合家庭接待亲友。

2. 净果盘。它是指由客人根据水果的品种及口味指定的一种水果所做出的拼盘。此类型水果拼盘适合各种饮食场所。

3. 套餐果盘。此类拼盘一般只供1～2人食用，所以分量少，制作方法简单。常见于中西餐厅及桑拿浴室配送。

4. 花式拼盘。这是一款最常见的多样化果盘。特点是水果品种齐全，用料、方法讲究，根据不同的盘型、不同的切雕方法拼摆出各式各样的艺术造型。此类型拼盘适合各种饮食娱乐场所。

5. 雕切艺术拼盘。主要是利用瓜皮、果肉经过雕切制作出的动物、花卉等作为果盘主体的具有艺术欣赏价值的拼盘。制作此类拼盘有一定的技术要求。

6. 大型水果拼盘。这是一种以主体造型为主，融食用与观赏于一体的大型作品。其特点是分量多、体积大、立体感强，气派不凡。适用于大型宴会、鸡尾酒会等。

六、水果拼盘的特点

1. 工艺简单。制作水果拼盘首先要掌握各种切法，在制作过程中尽量做到简单快速、整洁。

2. 风味多样。由于拼盘是选用各种不同风味的水果，从口感、质感、色泽及营养加以适当拼配。因此不仅为食用者提供了各种水果的美味享受，而且在营养上取得了互补平衡，还可由客人根据喜好自由食用。

3. 食用方便。制作水果盘不单要讲究艺术性，同时还要考虑客人食用方便。切水果时要尽量切片、块、角等便于食用的形状，食用者可直接用果签随意食用，既方便又卫生。

4. 形态美观。制作水果拼盘既要注重食用价值，又要讲究艺术造型。拼盘上桌让来宾先欣赏后品尝，既能增添食趣又能营造气氛。

5. 用途广泛。不论是专业餐厅或家庭宴席上，饭后上一盘水果已成为一种时尚。因此掌握这门技艺将大有作为。

七、水果雕切的基本刀法及要领

1. 水果切法主要分为直切、横切、斜切、弧形切、片切等。

2. 握刀要有力，保持平稳，操刀要灵活轻巧。

3. 切水果时要用连切带拉的方法进行切割。此种切法使水果易于切割而刀路平稳,不致于影响水果的整洁。

4. 水果雕刻主要用瓜皮雕刻。与其他食品雕刻有所不同。一般用平面空雕、浮雕等。

5. 切割或雕刻时要尽量一刀完成，避免重复雕刻。

八、雕刻拼盘的创意制作

在雕刻前首先根据自己的审美观点来确定果盘主体造型。再根据现有的水果品种及盘具形状来确定水果的基本切法及拼摆形状。在制作过程中要注意各种水果的颜色搭配，主体造型摆放要平稳，以免移动果盘时东翻西落使全盘拼摆前功尽弃。只要对自己拥有信心，抱着学而不厌的态度，相信日后在水果雕刻拼摆艺术上一定会有所成就。

案例分析

小王去参加朋友的生日聚会，其中冷菜内容是“香椿拌豆腐”、“芥茉鸭掌”、“虾子炝芹菜”、“炝虎尾”、“酸辣白菜”、“红糟鸡”、“醉蟹”、“水晶肴蹄”、“八围碟”和“桂林山水”主拼。

请问：

(1)该桌冷菜运用了哪些制作方法?

(2)符合冷菜拼摆原则的哪些内容?

(3)运用了哪几种拼摆的方法?

◆ 复习思考题

1. 概念解释

拌、活炝、糟腌、冻、熟熏、弧形拼摆法、翅形拼摆法、盘式

2. 拌法有哪些特点？

3. 凉拌的拌制方法灵活多样，以最大限度保持特色为原则，一般都是采取哪些措施？

4. 拌和炝有什么异同点？

5. 活炝技法的主要特点有哪些？

6. “泡”、“渍”、“浸”有什么区别？

7. 生熏应该注意哪些方面？

8. 弧形拼摆法在制作中的操作关键有哪些？

9. 盘式设计的原则有哪些？

10. 立雕型盘式装式在菜肴中有哪些作用？

11. 水果雕切有哪些基本刀法及要领？

第四章 食品雕刻技艺

● **本章学习重点**

掌握花卉、禽鸟、畜兽、龙凤的雕刻方法。

● **本章教学目的**

通过本章学习，使学生重点掌握花卉、禽鸟、畜兽、龙凤的雕刻方法；对器物、景观、人物、瓜盅、瓜灯、奶油雕、巧克力雕、糖雕、冰雕和其他雕刻琼脂雕、泡沫雕、面塑有一定的认识，并掌握雕刻的技法。

第一节 花卉雕刻

龙爪菊

原料：红心萝卜。

工具：直刻刀、“V”型刀。

工艺步骤：

(1)将半个红心萝卜打皮，修成碗形大坯(见彩插图4－1－①)。

(2)用圆口刀在上平面进刀，刀口向外戳至边沿时使进刀方向转为从上往下沿侧面行刀，至接近底部处停刀，一花瓣即刻成，按同样方法刻出第一层全部花瓣(见彩插图4－1－②)。

(3)用直刻刀将萝卜内留下的沟棱削平，并将上面削平(见彩插图4－1－③，4－1－④)。

(4)依照2、3步骤刻出内层全部花瓣，龙爪菊即刻成(见彩插图4－1－⑤)。

菊花(旋刻)

原料：红心萝卜。

工具：直刻刀、圆口刀。

工艺步骤：

(1)将半个红心萝卜打皮，修成碗形大坯(见彩插图4－2－①)。

(2)用圆口刀从坯体侧面下刀，顺坯体按逆时针方向从上往下斜戳，行刀至接近底部停刀，一花瓣即刻成。按同样方法平行刻出外层全部花瓣(见彩插图4－2－②)。

(3)用直刻刀削去刻第一层时留下的棱角。

(4)参照2、3步骤依次刻出内层全部花瓣，旋菊即刻成(见彩插图4－2－③)。

西番莲

原料:红心萝卜。
工具:直刻刀、"V"型刀。
工艺步骤:

(1)将半个红心萝卜打皮，削成半球形花冠大坯(见彩插图4－3－①)。

(2)将半球扣放，球面朝上，在半球中央旋一内凹圈(直径2～2.5厘米，深1.5厘米)作为花心。

(3)在花心的边缘用五号"V"型刀窄端从上往下刻出一周"V"形小沟(见彩插图4－3－②)。

(4)用五号"V"型刀的宽端在小沟外侧2毫米处进刀，刻出第一个花瓣，按此方法刻出第一层花瓣(见彩插图4－3－③)。

(5)在第一层两花瓣之间，用五号"V"型刀宽端戳出一周"V"形小沟，再用四号"V"型刀窄端刻出第二层全部花瓣。

(6)参照3～5步骤，不断增大刀具，依次刻出各层全部花瓣(见彩插图4－3－④，4－3－⑤)。

(7)花心部分用直刻刀从外往里旋刻出花瓣，西番莲即刻成(见彩插图4－3－⑥)。

喇叭花

原料:红心萝卜、南瓜。
工具:直刻刀、圆口刀、502胶。
工艺步骤:

(1)将萝卜打皮，削成倒圆锥形大坯，并将坯体上部边缘打成浑圆状(见彩插图4－4－①)。

(2)用圆口刀沿边棱的下沿戳出一圈槽沟，再将喇叭花下部形状削出。

(3)用直刻刀从坯体的上平面进刀，按坯形旋出一个喇叭口，用圆口刀将喇叭口内壁修削平滑，使其成喇叭花的花冠，尽量使花冠削得薄些(见彩插图4－4－②)。

(4)将南瓜削成小圆柱，把小圆柱一端纵切几刀即成花心。

(5)用502胶将花心粘在喇叭口正中深处，喇叭花即刻成(见彩插图4－4－③)。

马蹄莲

原料:白萝卜、红心萝卜。
工具:直刻刀、圆口刀、502胶。
工艺步骤:

(1) 取一截18厘米长的白萝卜(见彩插图4－5－①)。

(2)将白萝卜打皮，削成马蹄莲花冠大坯。将上切面边缘的棱打掉，使之成浑圆形(见彩插图4－5－②)。

(3)用圆口刀在浑圆状边缘的反面戳出一圈沟槽，使沟槽与上表面浑圆状边缘共同形成马蹄莲向外翻转的薄边，并将其修削光滑自然。

(4)用直刻刀从坯体上面进刀，按坯形修出一个斜喇叭口，用圆口刀将喇叭口内壁修削得薄而光滑(见彩插图4－5－③)。

(5)用直刻刀将红心萝卜削成花心(见彩插图4－5－④)。

(6)用502胶将花心粘在花里，使花心向前倾，马蹄莲即刻成(见彩插图4－5－⑤)。

向日葵

原料:南瓜。

工具:直刻刀、“V”型刀、502胶。

工艺步骤:

(1)刻出令箭形南瓜片20个左右，作为花瓣备用(见彩插图4－6－①)。

(2)刻一圆形南瓜片，并将边缘修圆，作为向日葵花心备用(见彩插图4－6－②)。

(3)用502胶将花瓣交错粘在花心的边缘一周，成向日葵大坯(见彩插图4－6－③)。

(4)用“V”型刀戳一条南瓜线，粘在花心的边缘(见彩插图4－6－④，4－6－⑤)。

(5)用“V”型刀在圆形花心上戳出交叉的刀纹，向日葵即刻成(见彩插图4－6－⑥，4－6－⑦)。

绣球花

原料:胡萝卜。

工具:直刻刀、“V”型刀、502胶。

工艺步骤:

(1)将胡萝卜削成1.5厘米见方的长条。

(2)用“V”型刀将长条的4个棱戳去，成槽状(见彩插图4－7－①)。

(3)用直刻刀在棱角处下刀，刻出花瓣的形状，再将4个花瓣刻出，使四角花与原料脱离。依次刻出同样的四角花若干(见彩插图4－7－②，4－7－③)。

(4)用502胶将四角花粘在一个球形原料上，绣球花即刻成(见彩插图4－7－④，4－7－⑤)。

月季花(直刻)

原料:红心萝卜。

工具:直刻刀。

工艺步骤:

(1)将半个红心萝卜打皮，削成碗形大坯(见彩插图4－8－①)。

(2)确定外层五个花瓣的位置，用直刻刀刻出花瓣的形状(见彩插图4－8－②)。

(3)用直刻刀从花瓣顶端处下刀，从上往下至接近底部处停刀，外层一花瓣即刻成，用同样方法刻出外层五个花瓣（见彩插图4－8－③）。

（4）将萝卜里面的凹凸面削成原坯形（见彩插图4－8－④）。

（5）重复步骤2、3步骤，与第一层花瓣交错刻出第二层花瓣。依次内层花瓣三至四层（见彩插图4－8－⑤，4－8－⑥）。

（6）将内坯的上平面边缘打成浑圆状，用旋刀法刻出内层花瓣3个（见彩插图4－8－⑦）。

（7）依据步骤6由外向里刻出花心，直到刻完为止，月季花即刻成（见彩插图4－8－⑧）。

牡丹花

原料：红心萝卜、南瓜。

工具：直刻刀、圆口刀、502胶。

工艺步骤：

（1）将半个红心萝卜打皮，削成碗状大坯（见彩插图4－9－①）。

（2）确定外层五个花瓣的位置，用直刻刀在每个花瓣的位置上削掉一个薄片（见彩插图4－9－②）；用圆口刀沿花瓣的上边沿每隔一定距离戳一刀，使花瓣刻好后上边沿呈锯齿状（见彩插图4－9－③）。

（3）用直刻刀从花瓣顶端处下刀，从上往下进刀至接近底部处停刀，一花瓣即刻成，依次刻出外层五个花瓣（见彩插图4－9－④）。

（4）将花瓣内部凹凸部分打圆。按照2、3步骤刻出花瓣数层，刻时使两层花瓣错开（见彩插图4－9－⑤，4－9－⑥）。

（5）削去花中心柱心部分，用南瓜削成与柱心相等的圆柱，将圆柱顶端削成锯齿状作为花心（见彩插图4－9－⑦）。

（6）将花心用502胶粘在花冠中央，牡丹花即刻成（见彩插图4－9－⑧）。

大丽花

原料：红心萝卜。

工具：直刻刀。

工艺步骤：

（1）将半个红心萝卜打皮，修成碗状大坯（见彩插图4－10－①）。

（2）确定外层5个花瓣的位置，将坯体侧面削平（见彩插图4－10－②）。

（3）用直刻刀将五个棱的上面削去，使花瓣成令箭形（见彩插图4－10－③）。

（4）用直刻刀从花瓣的顶尖下刀，从上往下行刀至靠近花瓣根部处停刀，削出第一个花瓣。依次刻出外层五个花瓣（见彩插图4－10－④）。

（5）并将坯体剩余部分修削平整（见彩插图4－10－⑤）。重复步骤3、4，刻出花瓣5～6层，各层花瓣数量相等，位置相错，越往内层花瓣越小，大丽花即刻成（见彩插图4－10－⑥）。

荷花

原料:红心萝卜、莴苣。

工具:直刻刀、圆口刀。

工艺步骤:

(1)将半个红心萝卜打皮，削成碗状大坯(见彩插图4－11－①)。

(2)确定外层五个花瓣的位置(见彩插图4－11－②)。

(3)用直刻刀划出五个花瓣的轮廓。从上向下直刻出五个花瓣(见彩插图4－11－③)。

(4)将坯体剩余部分修削光滑。重复2、3步骤刻出第二、三层花瓣，相邻两层花瓣彼此交错，越往里花瓣越小(见彩插图4－11－④)。

(5)将第三层花瓣内的坯体削圆，在侧面从上向下用圆口刀戳一圈丝形花瓣。将花心坯修削成圆柱形(见彩插图4－11－⑤)。

(6)用五号圆口刀在花心坯体上面戳几个圆柱形小孔，安上同样大小的莴苣(或黄瓜)圆柱作为莲籽，荷花即刻成(见彩插图4－11－⑥)。

睡莲

原料:白萝卜、胡萝卜。

工具:直刻刀、502胶。

工艺步骤:

(1) 将半个白萝卜打皮，修成碗状大坯。

(2)确定外层五个花瓣的位置，用直刻刀在每个花瓣的位置上削掉一个薄片(见彩插图4－12－①)。

(3)用直刻刀刀尖将每个花瓣划成桃状，从上向下刻出第一层花瓣(见彩插图4－12－②)。

(4)将花瓣内部凹凸部分打圆，重复步骤2、3，与第一层花瓣交叉刻出第二层花瓣(见彩插图4－12－③)。

(5)将第二层花瓣内的坯体削圆，在外侧面从上向下用圆口刀戳一圈丝形花瓣，并将中间部分去掉;用胡萝卜削成与中间部分相等的圆柱，将圆柱顶端削成锯齿状作为花心(见彩插图4－12－④)。

(6)用502胶将花心粘在花冠中心，睡莲即刻成(见彩插图4－12－⑤)。

月季花(旋刻)

原料:红心萝卜。

工具:直刻刀。

工艺步骤:

(1)取半个红心萝卜，在萝卜的侧面旋去三分之一，用刀尖划出花瓣的形状，旋刻出第一个花瓣(见彩插图4－13－①)。

(2)在第一个花瓣的里面下刀，重复步骤1，旋刻出第一层的二、三个花瓣(见彩插图 4 – 13 – ②）。

（3）与第一层花瓣交错刻出第二层花瓣（见彩插图 4 – 13 – ③）。

（4）重复 2、3 步骤，依次旋出花瓣五至六层，月季花即刻成（见彩插图 4 – 13 – ④）。

玉兰花

原料：红心萝卜。

工具：直刻刀。

工艺步骤：

（1）将半个红心萝卜打皮，修成小碗状大坯（见彩插图 4 – 14 – ①）。

（2）在萝卜侧面三分之一的面积上，刻去花瓣上端的废料，使花瓣成桃形，并旋刻出第一个花瓣（见彩插图 4 – 14 – ②）。

（3）与第一个花瓣交错，依次旋刻出第一层的第 2、3 个花瓣（见彩插图 4 – 14 – ③）。

（4）重复步骤 2、3，依次刻出内层花瓣 3 ~4 层，玉兰花即刻成（见彩插图 4 – 14 – ④，4 – 14 – ⑤）。

牡丹花

原料：红心萝卜。

工具：直刻刀。

工艺步骤：

（1）取半个红心萝卜（见彩插图 4 – 15 – ①）。

（2）在红心萝卜的平面上旋刻出 5 个圆弧（见彩插图 4 – 15 – ②）。

（3）在每个圆弧上用直刻刀旋刻出 5 个花瓣（一边旋一边抖刀，使花瓣边缘成锯齿状）（见彩插图 4 – 15 – ③）。

（4）与第一层花瓣交叉，重复步骤 2、3，刻出第二层花瓣（见彩插图 4 – 15 – ④）。

（5）依次向里刻出内层花瓣，牡丹花即成（见彩插图 4 – 15 – ⑤）。

第二节　禽鸟雕刻

仙鹤

原料：白萝卜、红樱桃、茄子皮、花椒籽。

工具：直刻刀、“V”型刀、502 胶。

工艺步骤：

（1）取一截白萝卜，刻去两边厚料作为翅膀（见彩插图 4 – 16 – ①）。

(2)将中间的大料修出仙鹤的大坯(见彩插图 4－16－②)。

(3)细修出仙鹤的各个部位(见彩插图 4－16－③)。

(4)将两片厚料刻出仙鹤的翅膀(见彩插图 4－16－④, 4－16－⑤)。

(5)将翅膀粘在仙鹤的身上,红樱桃、茄子皮分别作为仙鹤的冠子和尾巴,仙鹤即刻成(见彩插图 4－16－⑥, 4－16－⑦)。

长尾鸟

原料:胡萝卜。

工具:直刻刀、圆口刀、“V”型刀、502 胶。

工艺步骤:

(1)选一根胡萝卜,先去掉两侧厚料作为翅膀(见彩插图 4－17－①)。

(2)在中间的原料上刻出鸟的大坯(图 4－17－②)。

(3)将鸟身细修,刻出嘴、眼睛、护尾羽、鸟尾(见彩插图 4－17－③, 4－17－④)。

(4)将两块厚料刻成鸟的翅膀(见彩插图 4－17－⑤)。

(5)将翅膀粘在鸟身上,长尾鸟即刻成(见彩插图 4－17－⑥)。

白鹭

原料:白萝卜、青萝卜。

工具:直刻刀、“V”型刀、502 胶。

工艺步骤:

(1)选一细长白萝卜,先去掉两侧厚片(见彩插图 4－18－①)。

(2)中间的料刻出白鹭的大坯(见彩插图 4－18－②)。

(3)在大坯上细修出白鹭的各部位,用青萝卜皮刻出眼睛和尾巴,用 502 胶粘在相应部位(见彩插图 4－18－③)。

(4)将两个厚片刻出白鹭的翅膀(见彩插图 4－18－④, 4－18－⑤)。

(5)将翅膀粘在白鹭的身上,白鹭即刻好(见彩插图 4－18－⑥)。

鹦鹉

原料:南瓜、胡萝卜、花椒籽。

工具:直刻刀、圆口刀、502 胶。

工艺步骤:

(1)选一截南瓜,去掉两边废料(见彩插图 4－19－①)。

(2)用直刻刀修出鹦鹉身体的大坯(见彩插图 4－19－②)。

(3)用胡萝卜刻出鹦鹉的爪子和冠,粘在相应部位(见彩插图 4－19－③)。

(4)细刻出鹦鹉的头部和身上的羽毛(见彩插图 4－19－④, 4－19－⑤)。

(5)取两块胡萝卜,刻出鹦鹉的翅膀(见彩插图 4－19－⑥, 4－19－⑦)。

(6)将翅膀粘在鹦鹉的身上,鹦鹉即刻成(见彩插图 4－19－⑧)。

孔雀

原料:南瓜。
工具:直刻刀、圆口刀、502 胶。
工艺步骤:
(1)选取一截南瓜的实心部分。
(2)根据孔雀的造型,刻出孔雀的大坯(见彩插图 4-20-①)。
(3)细修出孔雀的头、颈、翅膀、尾羽(见彩插图 4-20-②、4-20-③、4-20-④、4-20-⑤)。
(4)另取一片南瓜,刻出孔雀的冠(见彩插图 4-20-⑥)。
(5)将冠粘在孔雀头上,孔雀即刻成(见彩插图 4-20-⑦)。

雄鹰

原料:南瓜。
工具:直刻刀、圆口刀、"V"型刀、502 胶。
工艺步骤:
(1)选一截南瓜(实心部分)(见彩插图 4-21-①)。
(2)根据鹰的姿态去掉余料(见彩插图 4-21-②)。
(3)刻出雄鹰的大坯(见彩插图 4-21-③)。
(4)细刻出雄鹰的头部(见彩插图 4-21-④)。
(5)刻出雄鹰身上的羽毛、尾羽、爪子(见彩插图 4-21-⑤)。
(6)另取两块南瓜片(见彩插图 4-21-⑥)。
(7)刻出雄鹰的翅膀(见彩插图 4-21-⑦)。
(8)将翅膀用 502 胶粘在雄鹰身上,雄鹰即刻成(见彩插图 4-21-⑧)。

模拟雕刻练习

喜鹊头、仙鹤头(见彩插图 4-28),鹅头(见彩插图 4-29),公鸡头、锦鸡头(见彩插图 4-30),天鹅(见彩插图 4-31),鹦鹉(见彩插图 4-32),锦鸡(见彩插图 4-33),雄鹰①(见彩插图 4-34),雄鹰②(见彩插图 4-35),公鸡(见彩插图 4-36)。

第三节　畜兽雕刻

骏马

原料:南瓜。
工具:直刻刀、圆口刀、"V"型刀、502 胶。

工艺步骤：
(1)选厚南瓜片一块(见彩插图4-22-①)。
(2)根据马的姿态，刻出马的大坯(见彩插图4-22-②)。
(3)将马的头、脖两边各削去一片，使头、脖窄于马身(见彩插图4-22-③)。
(4)分出马体的各个部位(见彩插图4-22-④)。
(5)细修出马的马头、马鬃、马尾、腿部肌肉、四肢等(见彩插图4-22-⑤)。
(6)用圆口刀戳出马身上的肌肉(见彩插图4-22-⑥)。
(7)将骏马粘在事先刻好的假山上，点缀上云彩即成(见彩插图4-22-⑦)。

麒麟

原料：南瓜。
工具：直刻刀、圆口刀、“V”型刀、502胶。
工艺步骤：
(1)取一截南瓜的实心部分(见彩插图4-23-①)。
(2)根据麒麟的姿态，刻出身体的大坯(见彩插图4-23-②)。
(3)修出麒麟的四肢，刻出身上的鳞片(见彩插图4-23-③，4-23-④)。
(4)将其余的原料刻成云彩状(见彩插图4-23-⑤，4-23-⑥)。
(5)另取一块南瓜，划出麒麟头状(见彩插图4-23-⑦)。
(6)刻出头的各部位(见彩插图4-23-⑧，4-23-⑨)。
(7)另取一块料刻出麒麟的尾巴(见彩插图4-23-⑩)。
(8)将头、尾巴、背鳍粘在麒麟的相应部位，麒麟即刻成(见彩插图4-23-⑪)。

松鼠

原料：南瓜、花椒籽。
工具：直刻刀、圆口刀、“V”型刀、502胶。
工艺步骤：
(1)取一块厚南瓜片(见彩插图4-24-①)。
(2)刻出松鼠奔跑的姿态(见彩插图4-24-②)。
(3)细修出松鼠的各个部位(见彩插图4-24-③，4-24-④)。
(4)另取一块小料，取出松鼠尾巴的大坯(见彩插图4-24-⑤)。
(5)用“V”型刀刻出尾巴的纹路(见彩插图4-24-⑥)。
(6)将尾巴、眼睛粘在松鼠身上即成(见彩插图4-24-⑦)。

卡通兔

原料：南瓜。
工具：直刻刀、502胶。
工艺步骤：
(1)取一块南瓜，削去两边的余料，刻出兔子头、身的位置(见彩插图4-25-①)。

(2)刻出头、身及四肢的大坯(见彩插图 4－25－②)。

(3)另取两块小料，刻出兔子的耳朵(见彩插图 4－25－③)。

(4)将耳朵粘在兔子头上的相应位置(见彩插图 4－25－④)。

(5)细修出兔子脸部和身体的各部位(见彩插图 4－25－⑤)。

(6)用南瓜皮刻出兔子的胡须，用南瓜刻出兔子的尾巴(见彩插图 4－25－⑥，4－25－⑦)。

(7)将胡须、尾巴粘在相应部位，卡通兔即刻成(见彩插图 4－25－⑧)。

模拟雕刻练习

奔马①(见彩插图 4－37)，奔马②(见彩插图 4－38)，龙头马(见彩插图 4－39)，麒麟①(见彩插图 4－40)，麒麟②(见彩插图 4－41)，恐龙(见彩插图 4－42)，海马(见彩插图 4－43)，老虎(见彩插图 4－44)，三羊开泰(见彩插图 4－45)。

第四节　龙凤雕刻

龙

原料：南瓜。

工具：直刻刀、“V”型刀、502 胶。

工艺步骤：

(1)选一截南瓜的实心部分(见彩插图 4－26－①)。

(2)在原料上根据龙的形态刻出龙身的大坯(见彩插图 4－26－②)。

(3)在龙身上刻出龙鳞(见彩插图 4－26－③)。

(4)将原料的其余部分刻成云彩状(见彩插图 4－26－④)。

(5)另取四块料，根据龙爪的形态刻出龙爪的大坯(见彩插图 4－26－⑤)。

(6)细修龙爪，刻出腿部的鳞片(见彩插图 4－26－⑥)。

(7)将四个龙爪粘在龙身的相应位置(见彩插图 4－26－⑦)。

(8)另取一块厚南瓜片，划出龙头的形状(见彩插图 4－26－⑧)。

(9)参照构图步骤中龙头的雕刻方法，刻出龙头(见彩插图 4－26－⑨)。

(10)将龙头粘在龙脖的顶端即成(见彩插图 4－26－⑩)。

凤凰

原料：南瓜。

工具：直刻刀、圆口刀、“V”型刀、502 胶。

工艺步骤：

(1)选一截南瓜的实心部分，刻出凤凰头的位置和形状(见彩插图 4－27－①)。

(2)根据凤凰的形态，刻出凤凰各部位的大坯(见彩插图 4－27－②)。

(3)从嘴部下刀，刻出凤凰的头(见彩插图4-27-③)。

(4)细修出凤凰的羽毛和翅膀(见彩插图4-27-④，4-27-⑤)。

(5)刻出凤凰的腿部(见彩插图4-27-⑥，4-27-⑦)。

(6)取三根南瓜片，刻出凤凰的三根尾巴(见彩插图4-27-⑧)。

(7)将凤凰的尾巴粘在相应位置，凤凰即刻成(见彩插图4-27-⑨)。

模拟雕刻练习

龙头(见彩插图4-46)，龙①(见彩插图4-47)，龙②(见彩插图4-48)，龙③(见彩插图4-49)，双龙(见彩插图4-50)，凤凰①(见彩插图4-51)，凤凰②(见彩插图4-52)，菱形球(见彩插图4-53)，金鱼(见彩插图4-54)，扇贝(见彩插图4-55)，鲤鱼(见彩插图4-56)。

第五节　器物与景观雕刻

在一些中餐宴会或举办的食品雕刻比赛或美食节展览上，我们经常可以观赏到技艺高超的厨师用食品原料雕刻出的各种器物如花瓶、花篮、鱼篓、桶、鼎、船、车，或楼、亭、门、桥、阁、塔、柱等逗人喜爱的造型，用来烘托宴会的气氛或装饰美化菜品，给人带来触景生情的感受，被誉为“厨艺杰作”、“艺术珍品”，为驰名中外的中国菜肴起到锦上添花的作用。

一、器物雕刻

器物雕刻是用食品原料雕刻而成逗人喜爱的生活中器物形态或与其他花鸟、鱼虫、动物、人物等造型组合而成用于装饰美化菜肴的器物形式作品。

(一)适用器物雕刻的食品原料

以南瓜、胡萝卜最佳，其次是芋头和萝卜等。

(二)器物雕刻常用刀具及刀法

1. 平刀。常用其进行切、削刀法。多用于对原料加工成大块时的切块和削面。
2. 直刀。刀尖而利，常用于划、剔、削等刀法，用于对大块原料的细工雕刻。
3. “U”形刀。常用于戳刀法，用于对器物的特殊处理刀法。
4. “V”形刀。与“U”形刀用法相同。其处理的刀纹形状不同。

(三)器物雕刻的步骤

确定主题→设计造型→选择原料→初步制作→细工雕刻→精细修饰→组合应用。

首先主题的内容要与宴会和菜点相吻合。确定雕刻器物的对象，如食雕作品“渔家乐”。首先认真构思设计出竹篓的形状及其虾的动态特征。依原料形状或器物需求选用整雕法或零雕整装法进行初坯制作。初坯制作时要先对竹篓及虾的形状结构及造型进行分别确定。细工雕刻是对竹篓的花纹、虾的动态的处理进行反复认真的雕刻。

精细修饰是在其雕刻的基础上，对竹篓、虾局部更加细微的细加工，突出竹篓为题材，反映了渔家生活的一个侧影。使竹篓的经纬竹篾交叉更加逼真，使作品充满了自然生动的情趣，最后根据宴会或菜点要求组合应用。

器物雕刻实例见案例一“渔家乐”，图 4－3。

二、景观雕刻

在高档宴席中，厨师用精湛的食品雕刻技艺将食品雕刻成仿古建筑物中的一些楼、亭、桥、塔、阁及山水风景等，以美化宴会点缀菜肴。雕刻的作品精美绝伦，栩栩如生，如食雕作品“云山宝塔”，就是层层相叠、环环相合，流转起伏，还有的高耸入云，雄伟挺拔，直冲云霄等。有人说，景观雕刻“立体的诗，无声的画。”给人一种诗情画意的享受。同时，又增添宴会的气氛，促进食欲。

（一）景观雕刻的原料

南瓜、胡萝卜、萝卜和冷菜中的熟食荤料两类原料。植物性原料雕刻成的作品以观赏、装饰菜点为主，而用动物性的熟食料雕刻的作品多用于拼摆成景观冷盘，既可观赏又可食用。

（二）景观雕刻常用刀具及刀法

与器物雕刻常用刀具、刀法相同。

（三）景观雕刻的步骤

确定主题→设计造型→选择原料→初坯制作→细工雕刻→组合应用。

确定主题是依据宴会的形式内容和菜点需求，确定雕刻的对象。如食雕作品“长城”，那么就以长城的结构特征及周围的景观为构思设计内容。选原料南瓜或芋头并根据长城造型需求来决定用整雕法或零雕整装法进行雕刻出长城的初坯制作。然后以长城造型特点，再进一步的雕刻。细工雕刻是指对长城的局部特征及结构（长城形状、墙、砖等）以使其体现出长城主体层次进行反复认真地雕刻。最后根据宴会和菜点的需要组合应用即可。

（四）景观雕刻的要点

1. 选择一些名胜古迹、风景秀丽的图案为造型题材。

2. 要对选择景观的造型结构有所熟悉，突出主题，无论从整体还是局部，都能展示出雕刻作品的气韵和生动，富有较强的艺术感染力。

3. 雕刻作品时，先按照景物的结构特征刻出大概轮廓，然后再对其各个部分精心细刻，反映出雕刻作品的特点。同时，还要考虑到陪衬物的点缀。

（五）食雕景观作品应用和注意问题

食雕的楼、亭、桥、阁、山水风景等艺术造型常和花鸟鱼虫、人物组合而成，用于生日祝寿、开业庆典、友人聚会、喜庆结婚等为主题的宴会中。

食雕景观造型还可以用于对单一菜点的点缀和装饰，但此类作品不宜过大，以免喧宾夺主，一般占整个盘子的 1/3 或 1/4，高度不超过 30 厘米为宜。

景观雕刻实例见案例二“古塔生辉”，图 4－4。

第六节 人物雕刻

在食品雕刻中人物雕刻占很大比例，而且题材应用广泛。人物食品雕刻可分为古典人物、宗教人物、神话传说人物、年画人物、节日人物、现代人物及卡通人物等。人物食雕难度较大，既要求厨师有精湛的雕刻技艺，又要求有良好的审美艺术修养。人物食雕要求厨师必须懂得或掌握人物头部五官间的比例，头部与身长的比例关系及人物造型的各种姿态。并根据创作内容选用适当的食品原料，运用相应刀法技法进行雕刻，雕刻时要融入创作者的思想理念，创作出形神兼备，富有创意，备受欢迎的作品。

一、人物的造型特征

(一)头部的造型

头部共分顶及前后左右五个面。前三面即是正面和两侧面，包括人的脸型、五官和两鬓角，再加上头顶和后面共为五个面。如用比例说明，可以上下划分三个相等的部分，左右分为五个部分。这就是古人称为“三停五眼”。所谓“三停五眼”就是从发际到眉骨为上停，眉下到鼻端为中停，鼻下到下巴为下停。(如图4－1)

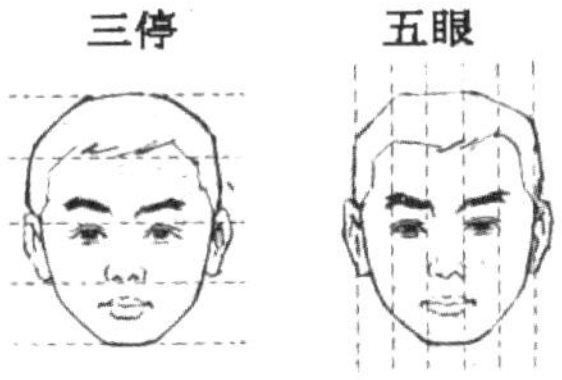

图4－1

人物头型有圆、方、长、扁各类，又有胖瘦的区别。瘦人肉少面皮薄，额骨、颧骨、眉骨等特别突出，皮松皱纹多，可以用食雕刀的起伏来表现;胖人肉多皮厚，脸上的五壑比较少。

(二)五官的结构特征

人的形象各有不同，其精神状态和性格也不相同。例如，眉毛有浓有淡，有宽有窄，眼睛有大有小，有长有短，嘴唇有厚有薄，皆不相同。雕刻五官时，应因人而异。

1. 眉毛

眉毛是眼的组成部分和眼睛配合起来表现人物性格，眉头皱起显得愁苦，眉舒展开来显得愉快。眉毛有粗细、浓淡、长短、曲直、平斜、齐乱等分别。古人把它分别分为远山眉、柳叶眉、月牙眉、分梢眉、蛾眉、八字眉。妇女的眉毛较淡、浅于上睫。

2. 眼睛

眼睛是人体最传神的部位，也是进行人物食雕创作的重点和难点。有眼眶、眼睑、眼球三个部分组成。眼睛外型为不规则的杏仁状。它的外部形状一般取决于眼睑的形状，在具体雕刻过程中，应了解上下眼睑要有一定的厚度，不能把它看作一条线，这是非常重要的，雕刻方法是把眼睛完整地看作是一个球体，刻出眼睑的形状，稍后去料，这样上眼睑就有了一定的厚度，下眼睑的雕刻方法同上眼睑。雕刻时要注意内眼角较圆，外眼角较尖，内外眼角的连线内低外高，故外眼角略向上翘，并且上眼睑比下眼睑长，呈上眼睑罩往下眼睑状。雕刻人眼是要注意各类人群的不同之处，小孩眼圆，仕女眼长，武将眼突，神仙眼祥，老人和罗汉眼角鱼尾纹细小而明显。

3. 鼻

鼻子由鼻翼、鼻尖和球面、中阁、鼻孔及鼻梁组成的。外部形状由山根、鼻准、鼻翼组成。雕刻鼻子时要注意小孩的鼻翼小短而圆，仕女的鼻子正面两翼易圆，侧面易窄，武将的鼻阔，两翼呈方形。同时，还要注意人在喜、怒、哀、乐不同面部表情时的区别。

4. 嘴

嘴和眼睛一样表情丰富细腻，嘴角微微一动就蕴含着微妙的情感变化，嘴是面部表情最为主要的部位。它由上唇、下唇、口裂线、人中、嘴角组成。雕刻小孩的嘴宜厚而突出，仕女的嘴宜小而圆，成人的嘴宜大而方，老人的嘴形扁平、呈瘪形。

5. 耳

耳也是人体五官中重要的部位，它由耳轮、耳屏和耳垂构成。耳的外形因人而异，有宽窄、厚薄、长短，耳垂有大小的区别。雕刻时要注意小孩耳宜圆，仕女耳宜细圆，成年男子耳宜粗而圆，老年人耳宜长。

6. 头发和胡须

雕刻头发应当分组列出头发的部位和方向，先列出轮廓，然后再细刻。胡须与发式相同。胡须要中间的粗而长，左右侧要逐渐细而短。

（三）人体比例和衣服处理

要想雕刻出完美的人物形象，了解人体比例是相当重要的。人体比例方面有立七、坐五、盘三半、跪四的说法，即是立着全身有七个头的高度，坐着共有五个头的高度，蹲着共有三个半头的高度，跪着为四个头的高度（图 4－2）。雕刻衣纹时，要随着身体的动向和四肢的动作来刻。最后再细心加工和处理。平面的地方衣纹要少，转折的地方衣纹要多，在雕刻时候可以有所取舍。

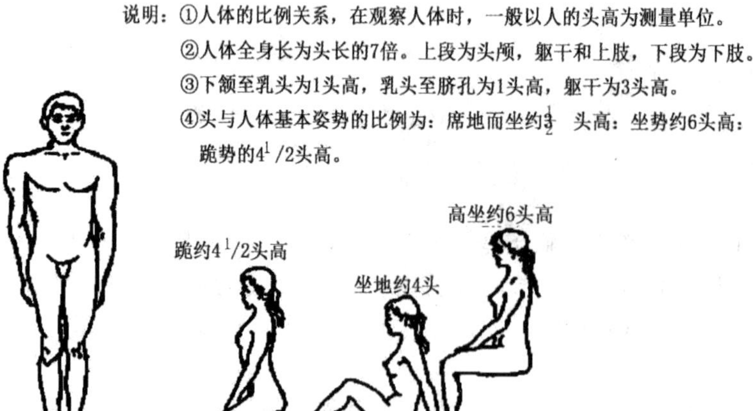

图 4－2

(四)手的结构特征

除拇指外，四个手指各有指骨三节。中指最大最长，在握拳时与大拇指位置最相对的。雕刻手时应该先根据手在做各种运动时手指和关节的关系，确立腕、掌、指三部分块面，再按由方到圆的原则削切出基本大形，最后再雕手指，刻指甲，划手纹。

(五)人物的表情

人物面部雕刻出五官以外，脸型也很重要。一般可归纳为田、目、国、风、由、甲、用、申八个字。人物面目的表情变化是多种多样的，如有微笑的、发怒的、忧愁的、悲哀的、惊恐的、沉思的、喜悦的。各种表情变化中，眼和嘴的神态起突出作用。但眼和嘴只是表情的一部分，把它概括为喜、怒、哀、乐、苦、惊、思七情，如能掌握的话，雕刻人物的表情就易如反掌了。

(六)仕女的头饰和发式

古代仕女的头饰和发式较多，因为不同朝代流行不同的发式和头饰，基本是按着梳、结、盘、叠、鬟等变化而成的再加上各种首饰。

二、适用于食品雕刻的人物原料

长形实心粗南瓜，色泽艳丽、形态各异、独具美感、质地俱佳；其次是选用芋头、胡萝卜等作为代用品。

三、人物雕刻常用刀具刀法

1. 平刀。平刀的身长约 30cm，宽 3 ~5cm。它的用途比较广，一般用于雕刻大轮廓和大块面的物体。

2. 直刀。直刀体长约 15cm，宽约 1.5 ~2cm。它的用途较为广泛，在整个雕刻过程中起着决定性的作用。要求尖而利，常用于划、剔、削等刀法，用于对大坯原料的细工雕刻，使用较为频繁，是雕刻主刀。

3. “U”型刀。又叫圆口刀戳刀，有多种型号，它的刀口为半圆形，体长约 15 ~20cm，两头都可使用，使用较为广泛便捷，用于人物服饰主体衣纹的雕刻。

4. “V”型刀。又叫三角槽刀，与“U”型刀一样也有几种型号。它的刀口呈“V”字型，体长约 15 ~20cm。常用于戳刀法，用于辅助衣纹和须发的细微雕刻。

四、人物雕刻的步骤

命名→定型→选料→布局→雕刻→成型。

1. 命名。命名要做到主题正确，与宴会相吻合，并能与宾客和菜点需求相适应。比如寿宴、福禄宴等不同主题宴会和菜点需求，确定雕刻对象。如寿星、福星、南极仙翁、寿比南山、鹤鹿同寿、麻姑献寿、八仙过海等。

2. 定型。是根据题意和内容，来确定雕刻作品的表现形式，刻品要原料的长短、大小比例确定。

3. 选料。是根据主题和类型合理选择原料，从而更好的反应出作品的生动形象。

4. 布局。首先要对头部动态、位置、大小做切块和分面，然后以头部为基准对人物的身高比例，形体特征，动作造型进行精心设计。先安排好主体部分，再安排陪衬辅助部分。

5. 雕刻。就是先刻出作品的大体轮廓，再细工雕刻。对人物的头部五官、肢体动态（包括手、脚、肩、肘、膝、腹、胸、腰等）及衣服主体纹理进行反复精细的雕刻。然后对手指、脚、面部表情、肌肉骨骼、胡须头发、服饰图案、陪衬物等细微处进行处理。

6. 成型。是根据宴会和菜点要求组合出主题突出、形象逼真、色彩鲜艳、活灵活现、以假乱真的人物雕刻作品。起到烘托和增加宴会的气氛，给人以美的享受。

人物雕刻实例见案例三“麻姑献寿”，图 4 –5。

第七节 瓜盅、瓜灯雕刻

瓜盅、瓜灯在食品雕刻中作为一种传统的技艺，已有很长的历史。远在北宋时期，我国已有了瓜雕，清代又有了瓜灯，西瓜雕刻有了较大的发展。据《扬州画舫录》记载:“亦间取西瓜镂刻人物、花卉、虫鱼之戏，谓之西瓜灯。”当时商贾如云、市场繁荣的江浙一带，扬州瓜雕已相当盛行，且技艺已达到了相当精湛的程度，不仅吸引了官绅富豪，也吸引了许多文人墨客。明末清初康熙、雍正年间的著名文人黄之隽题名《西瓜十八韵》的诗，描述了西瓜雕刻“纤缝剖出玲珑雪，薄质雕成宛转丝”的描绘。乾隆、嘉庆年间，浙江著名文人许宗彦写过一首七律:“生翠玲珑照雪房，热中转觉处清凉。真同刻楮三年巧，欲夺捎金二等光。万字徊环珠斗灿，雷文销落锦机张，郑心镇后犹堪用，腐草何须聚练囊”。从这些诗中可以看出，当时扬州瓜雕技术已经十分风行，且技艺也达到了很高的水平。尤其是近些年来，随着我国烹饪事业迅速发展和人民生活水平的提高，瓜盅、瓜灯雕刻以其独特的艺术风格，悠久的工艺历史和精湛的制作技术，赢得了人们的青睐和肯定，因而迈上了一个新的台阶。

瓜盅、瓜灯统称为瓜雕。以西瓜、冬瓜、南瓜为主，采用平面浮雕与镂空突环的雕刻技法，其中的图案与突环变化无穷，具有很高的技术性和艺术性。在一些高级宴会上用瓜盅或瓜灯来装饰席面和美化菜肴，它的观赏性远大于它的食用性。而瓜盅和瓜灯雕刻这一高超的技术和最大的魅力在于其精美的图案、玲珑剔透的突环和优美的造型，并给宾客带来一种充满诗情画意的艺术感。经过认真的设计、构思和技术加工，运用绘画、雕刻、灯光和音乐等综合艺术制作成形态逼真、寓意深刻的瓜盅、瓜灯作品点缀菜肴，装饰席面，不仅有烘托主题、增添气氛的效果，而且还有赏心悦目，使人增加食欲，并给整个宴会带来锦上添花的作用。下面介绍一下常见瓜盅与瓜灯及其雕刻的方法。

一、瓜盅与瓜灯原料

西瓜、冬瓜和南瓜。其中西瓜、冬瓜表皮选用深颜色、表面光洁、无疤痕、形状呈圆形或椭圆形，南瓜以圆形扁南瓜为佳。

二、瓜盅、瓜灯雕刻工具

1. "V"型刀。主要用于瓜盅刻线图案。

2. "U"型刀。主要用于瓜盅启盖和瓜盅瓜底座的雕刻。

3. 铲刀。大号铲刀用于瓜盅铲除瓜皮、突出图案，小号铲刀用于瓜灯铲起突环。

4. 斜角刀。刀口与刀背夹角 45 度左右，两端刀刃宽度不一，用于瓜盅和瓜灯中浮雕和突环雕刻的划线。

5. 直刀。尖而利、常用于瓜灯突环切割和瓜盅启盖。

三、瓜盅、瓜灯雕刻方法

有阴雕(凹)、阳雕(凸)、镂空雕、悬浮雕。

四、瓜盅与瓜灯的种类

1. 瓜盅分为西瓜盅、冬瓜盅和南瓜盅。

2. 瓜灯分为吊灯、坐灯、腰鼓灯和花篮灯。

根据设计造型的图案来选择瓜的形状，如人物、景观图案，应选择椭圆形瓜;若是花鸟鱼虫、兽类图案应选择圆形为宜。

五、瓜盅、瓜灯雕刻步骤

1. 设计图案。选择吉祥如意、逗人喜爱、符合宴会主题的图案，如寿星、天女散花、嫦娥奔月、龙凤呈祥、百鸟朝凤、喜鹊闹梅、花鸟鱼虫及景观图案等造型。

2. 刻阴纹线。用铅笔在瓜皮表面绘出图案，然后用斜角刀刻出阴纹线后，根据造型采取阴纹雕或是阳纹雕，除去多余的瓜皮，使图案更加清晰。

3. 刻突环。在瓜盅、瓜灯上面设计的各种花环中用直刀将所有突环纹图案的实线浅刻出来，并用铲刀将环线铲出(涂实的地方不铲)，呈向外凸出的突环状。

4. 刻镂空图案。在瓜盅、瓜灯表面刻出各种花纹图案，去掉其多余部分，以达到造型图案玲珑剔透、色彩层次分明。如"龙凤南瓜盅"。

5. 掏瓜瓤。瓜盅、瓜灯作品雕刻完后，掏去瓜瓤，放入清水内，浸泡一下，使其水分充足，形状美观。

瓜盅、瓜灯雕刻实例见案例四,图 4 －6、4 －7、4 －8、4 －9、4 －10。

第八节 奶油雕、巧克力雕、糖雕、冰雕

一、奶油

奶油雕也称黄油雕。黄油雕最早源于西方的一种食品雕塑，常见于大型自助餐酒会及各种美食节的展台。推出这种艺术表现形式，可以增加就餐气氛，提高宴会的档次，营造出一种高雅的就餐环境。黄油雕所用并非是天然的黄油，而是一种人造黄油。人造黄油的品种很多，当然不是每一种黄油都适合黄油雕，因为它们各自的含水量不同。一般来说，做食雕要选用硬度大一些、可塑性强一些的黄油，如专门用于制作酥皮点心及牛角面包的酥皮麦淇淋，这种黄油的可塑性较强，熔点也比较高，加之含水很少，故较容易操作。

黄油雕刻的常用方法有两种:第一种是黄油块类似于“泥塑”的方法，做成初坯状，然后再细工雕刻出作品的特征。适宜于中小型作品，如花鸟鱼虫、小动物类等，用来装饰菜点。其特点:小巧玲珑、逗人喜爱、光润自然、香气浓郁。第二种是先用木架铁丝、泡沫、麻布等原料制成骨架，再用工艺美术雕刻手法制作完成。适宜于一些大型宴会或展台上的观赏品。其特点:造型精美、气势磅礴、增添气氛、促进食欲，给宾客较高的艺术享受。

黄油雕刻操作要点:

1. 黄油雕刻的原料选用于制作酥皮麦淇淋为佳，含水量少，它的硬度高，可塑性较好，成品立感强。
2. 黄油雕刻的操作温度在15℃～20℃的室温内便于雕刻成型，不易溶化。
3. 黄油雕须手法娴熟，动作要快，使其作品外形美观表面光洁。
4. 黄油雕作品存放在15℃～20℃的恒温室内，使其作品不易变味，有效期长。
5. 黄油雕配上合适灯光，使其作品更加高雅，绚丽多彩，赏心悦目。

黄油雕刻实例见案例五“鹿”,图4－11。

二、巧克力雕

巧克力制品或装饰品在西点中应用非常广泛。近几年来，在国内外举办的各类烹饪比赛或大型展览上，中餐师傅采用巧克力工艺制作的食品也越来越多，它制作方便、可供制作的种类繁多，其色泽质朴、典雅，备受宾客的喜爱。

小型巧克力雕 ，是用巧克力块雕刻出各种花、鸟、虫、鱼，逗人喜爱、形态逼真。若是大型巧克力雕，应先做好骨架，然后抹上巧克力，再进行雕刻。

(一)巧克力雕的工艺方法

1. 运用切、铲、卷等方法制作成各种形态的作品。一般工艺方法是:用“隔热法”将巧克力溶化，待巧克力降至使用温度时，将其抹到油纸或平整的大理石板上，待制品凝固后，根据作品所需用刀加工成一定形状的制品，如花鸟鱼虫、动物图案等，用于表

面装饰，也可用刀刮成花卉形状。

2. 将巧克力溶化至使用温度时，装入裱花袋内，根据需要在油纸上挤出各种图形装饰品，如象形小动物松鼠、玉兔、金鱼、花卉、花边、花纹等。

3. 通过使用象形模具，使巧克力成为装饰品。制作方法是：将巧克力溶化，装入模具中，形成各种类型的巧克力制品，如花鸟鱼虫及各种小巧玲珑的巧克力制品及糖果等。

4. 用巧克力面坯制作装饰物。巧克力面坯是制作大型巧克力雕的优良原料。用巧克力面坯制作成的巧克力作品，可塑性强而且不易溶化，无论硬度还是柔韧性都比一般巧克力好。如景观、人物、动物塑造等。

巧克力面坯的工艺方法是：将黑巧克力溶化后，与可可油、葡萄糖浆和糖水充分搅拌均匀，放入冰箱冷却。然后将冷却后的面坯，反复压榨成面团，制作成各种装饰成品。

(二)巧克力雕操作要点

1. 制作巧克力雕的关键，必须掌握巧克力的溶化温度、使用温度和环境温度。巧克力的溶化温度要控制在50℃以下，夏季最高不得超过55℃，巧克力的使用温度要根据巧克力中可可脂的含量及制品要求灵活运用，制作巧克力雕的温度应保持在20～25℃为宜。

2. 制作巧克力雕时，动作要迅速，手法要熟练，使其制品质感光滑、形态美观。

3. 制作巧克力雕时，一定保持台案、工具清洁干燥，以免影响制品光泽与卫生。

4. 巧克力作品应存放在15～20℃的恒温室内，使其在有效时间内不会融化和变质。

巧克力雕刻实例见案例六“雄鸡”，图4－12。

三、糖雕

糖塑是西点师傅的一项基本功。近几年来，在我国各地举办的各类烹饪比赛或大型展览上，中餐师傅采用糖粉和脆糖工艺制作的食品也越来越多，其大气磅礴的造型，浮翠流丹的色彩，令人耳目一新，怦然心动。备受业内人士和烹饪爱好者欢迎。糖雕的制作方法有糖粉雕和脆糖雕两种。现将糖雕塑艺术介绍如下：

(一)糖粉雕

糖粉在西点中运用广泛，可以制作多种造型用来美化食品。一种是糖粉膏，用糖粉与蛋清(或加入适量葡糖糖)搅拌后、混合而成；另一种是糖粉面坯，用糖粉与蛋清、鱼胶、葡萄糖制成的较硬、类似面坯的原料。前者多用于点心的一般小型制品装饰，如西点制品的拉线(花边)镶嵌等。后者多用于造型，如各式糖粉花、花鸟鱼虫、动物及人物的造型物等。

一般糖粉膏的工艺

1. 用料配比：糖粉250克，蛋清50克至80克。

2. 工艺方法：将糖粉放入容器内，先加入少量蛋清，用中速搅拌至起发，随后再加入蛋清，继续搅拌，待糖粉原料色白、细腻时加入适量的柠檬汁，再继续搅匀即可。

如需颜色，可加入适量的食用色素。

3. 注意事项：

(1)糖粉雕制品质量的好坏，与糖粉、蛋清及柠檬汁的搅拌有很大关系，调制时，搅拌的时间适中，若时间短糖粉膏不起发，而时间长糖粉膏容易溶解，影响制品的可塑性和立体感。

(2)调制糖粉膏时，柠檬汁的加入也应适量。因为加入量过少，制品不宜干燥定型，挤出的制品不易于成形，失去立体感；加入柠檬汁的量过多，糖粉膏易打发，坯料变得粗糙形成蜂窝状，使制品失去细腻及光亮，影响制品的可塑性。一般按照每500克糖粉加入柠檬汁10克至20克之间为宜。

(3)调制糖粉膏时，所用的糖粉无异物和杂质，保持操作的连贯性及制品的细腻度。

(4)若是用于制品表面，糖粉膏可以稀一些，若是用于制作立体的糖粉膏可以稠一些。因此在调制时，要在充分了解糖粉膏所用的目的、要求的基础上，灵活掌握糖粉的软硬度。

(5)糖粉膏的使用过程中，用保鲜纸盖好容器口，以免糖粉膏脱水变干，不便于操作。

糖份膏可以结合西点中的裱花嘴，挤出各种的花鸟鱼虫、人物及动物的造型图案等，而且还能用于大型的蛋糕的挂边、挤面、拉线。

糖粉膏雕实例见案例七“松鼠”，图4－13。

糖粉面坯的工艺

糖粉面坯类制品，是西式面点装饰工艺中经常使用的造型原料，其制品是高级宴会甜点装饰、各种大型结婚蛋糕、立体装饰物常用的装饰品。

1. 用料配比：糖粉4000克，鱼胶片400克至500克(用之前溶化)，葡萄糖100克，柠檬汁100克，若需颜色可加入适量食用色素。

2. 工艺方法：

(1)将糖粉、葡萄糖放入搅拌机内，在快速搅拌的过程中，慢慢地加入溶化的鱼胶。根据糖粉面坯的使用目的要求灵活掌握软硬度。

(2)糖粉成团后，加入溶化的色素及柠檬汁，颜色的调配应根据制品的所需。

(3)糖粉面坯的装饰方法：糖粉面坯的装饰工艺方法是多种多样的，按制作原料的种类和性质划分，常见的有下述方法：

包裹法：制作大型装饰蛋糕时，一般用糖粉面坯包蛋糕坯使其表面平滑整齐，厚薄均匀。首先将蛋糕坯或蛋糕坯代用品加工平滑整齐，然后，将糖粉面坯压薄、压均匀，包在蛋糕坯或蛋糕坯代用品的表面。

模具法：压薄后的糖粉面坯，还可以刻成或用象形模具切成各式装饰用品。如花卉、叶子、蝴蝶、鸽子、鱼等，多用于蛋糕表面或蛋糕边的装饰品。在制作时要注意刻制的小装饰品，大小薄厚要一致。

镶嵌法：所有蛋糕坯包好后，可将剩余的糖粉面坯制成各式各样的小型装饰，也可根据所需颜色调制上色后再刻成小装饰物，并放在干燥通风的环境下，使其干燥变硬后，再进行组装。

粘贴法：大型糖粉面坯装饰蛋糕上的各种点缀，要用糖粉膏来粘贴。粘贴后要及时将多余的糖粉膏清除掉，以防干硬后影响制品的美观。

另外制作大型糖粉装饰品时，所需的工艺及时间都较多。所以有些复杂的作品，要事先设计出主题造型图案。

3. 糖粉面坯雕操作要点：

（1）糖粉面坯调制好后，应存放在密封的容器内，或保险纸包裹，以防糖粉面坯脱水变干、变硬，不易制作。

（2）在加工糖粉面坯时，所要制作的装饰品做到心中有数，一次成型，避免重复多次。

（3）在拿放及移动糖粉面坯制品时，要非常仔细小心地轻拿轻放，不要使制品断裂或弯曲，以免影响下一步的组合。

（4）在制作糖粉面坯时，应注意保持清洁，不可沾上其他的杂物，以免影响成品的光亮与卫生。

此制品在西点中可用于小型的装饰品，如小型蛋糕、各种甜点的托架、网架、支架和甜点装饰盘上的装饰物等；节日点心的装饰品、礼品盒等，如五彩缤纷、圣诞松树、雪人等等。

糖粉面坏雕实例见案例八“游趣”，图 4－14。

（二）脆糖雕

脆糖雕是将白砂糖、葡萄糖和柠檬酸上火熬至特定温度而制作成的一种即可食用又可观赏的脆糖艺术品。在熬制过程中，可以加入各种颜色的色素，使脆糖呈现出所需的色彩。因此，用脆糖制作出的立体装饰品，不仅制品晶莹剔透、色彩斑斓，而且用脆糖制成的花鸟鱼虫、人物的造型更加逼真、生动活泼。

1. 脆糖的特性

脆糖雕是用糖的物理特性，经加热到一定温度而制作成的。在熬制时必须加入适量的酸性物质，以防溶化的糖分子重新结晶。

糖加热到某一温度后，糖的特性有极大的变化，通过抻拉可形成晶莹剔透的面团样，这时可运用各种操作方法、制作工艺，制成各种造型的饰品，如花朵、树木、草叶以及动物等，制品凉后即可成型。脆糖制品在室温下可保持较长时间，制品不易因受潮、受热而溶化变质。并且具有较好的立体感，自然逼真、晶莹剔透，色彩绚丽生动。因此，脆糖是生产制作大型装饰品的首选品种。

2. 脆糖的工艺

用料配比：砂糖 2000 克，水 800 克，葡萄糖 400 克，柠檬汁 1/4 只，色素适量。

制作工艺：

（1）将糖和水放入锅里，加热，用手勺不停搅拌，使其受热均匀。

（2）糖水开锅后改用中火，用手勺将锅内浮沫除去，并不时将锅边的结晶糖及时除去，以免影响制品的光亮度。

（3）待糖完全溶化后，加入葡萄糖和柠檬汁，继续熬至 138 度时，加入作品所需的色素，熬至 156 度时将锅离开炉口，放到备好的凉水盆内蘸一下锅底，以便降低锅内糖水温度。

(4)将糖浆倒在抹过一层植物油的大理石案台上，待糖的温度降至可以用手拿起时反复拉几下，糖团发亮后，即可根据所需的造型制出作品。

(5)根据需要不同的颜色，加入不同的色素，使其色泽绚丽多彩。

3. 脆糖雕的操作要点

(1)脆糖工艺的关键是掌握好熬糖的温度与火候的变化，温度不够或温度过高都会直接影响脆糖制品的质量与造型的成败。

(2)制作脆糖作品时，事先应备好所有的工具、用具及操作台，以便随时取用，不宜时间过长。

(3)在制作脆糖装饰品时，应事先心中有数，动作熟练，手法要迅速、准确，一气呵成。因为脆糖在室温下极易冷却变硬，影响制品的造型。

(4)在制作脆糖制品时，手上要适当擦上一点油脂，以免粘手使其表面粗糙无光泽。

脆糖雕实例见案例九“天鹅”，图 4－15。

四、冰雕

冰是水在 0℃以下结冻而成的，具有一定的硬度，清澈透明。用冰雕塑堆砌各种动物、人物及建筑，既美丽又壮观。当用以雕塑小鸟、动物、人物形象装饰餐桌时，更显别致，引人注目。近年来冰雕技术发展较快，其制品工艺有两种：一种是将水放入冰雕模具盒内，经冷却后即成各种象形物或器物装饰菜点。另一种是选用冰块堆砌后进行雕刻而成的大型立体冰雕造型。前一种是多用于餐桌上，后一种多用于大型展台。

(一)冰雕的步骤

确定主题→设计造型→冰雕原料→初坯制作→细工雕刻→成品。

确定主题是依据宴会的内容和菜点需求，确定雕刻的对象。如冰雕作品“牛”的造型，对其动态、神态进行设计。根据牛的造型需求选用冰块堆砌起大型冰块。初坯制作时需要先对牛的头部动态、位置、大小及身躯、四肢等形体特征来进行确定。细工雕刻是对牛的面部、肢体动作(包括蹄、腿、背、、膝、腹、胸、颈等)及骨骼和肌肉纹理进行反复认真地雕刻。然后用冷水浇在作品上，使其表面光洁、更加晶莹剔透美观。

(二)冰雕工具

主要是冰雕刀具，有些工具是根据需要厨师自己加工制作的。

(三)冰雕注意事项

1. 制作冰雕作品的关键，在低温情况下进行，温度愈低愈好。一般情况下，在 0℃较宜。将雕好的作品浇上清水，使其表面更加光亮。

2. 冰雕作品存放室温在较低为佳，温度越低，存放时间就越长，并且要有盛托或盛水物，以免冰雕溶化水外溢。

3. 用冰雕模具制作的冰雕盛器，在装饰菜肴时，应在冰雕器物内用保鲜纸或铅纸隔离菜肴。若是盛装刺身类的菜品更佳。

冰雕实例见案例十“骏马奔腾”，图 4－16。

第九节　其他雕：琼脂雕、泡沫雕、面塑

食品雕刻作品起到美化席面，装点菜肴，烘托宴会气氛的作用。在一些举办国内外烹饪技术比赛和美食节上，已成为一道亮丽的美景。其品种繁多，形态各异，造型精美，色泽艳丽，晶莹透亮，独具美感，体现出很高的艺术风格，备受嘉宾的宠爱，又被社会所需求。这也促使了食品雕刻技术的不断创新和发展。随着改革开放，人们物质生活水平的提高，一些新品种的食品原料也悄悄的走进了食品雕刻的行列，再加上民间流传的面塑技艺与食品雕刻技艺的有机结合，使之得到了更加充分的利用和发展。这使食品雕刻不局限于瓜果蔬菜，下面列举三种特殊原料的雕刻。

一、琼脂冻雕刻

“琼脂雕”就是采用琼脂为原料，将其浸泡蒸溶后调入果蔬汁或食用色素等，冷却成琼脂冻后再用其制作成不同风格的雕刻作品。特点是色彩鲜艳，如美玉一般，晶莹透明。既可食用，又可观赏，用琼脂雕刻高雅的艺术作品，使人耳目一新。它的独特风格在食品雕刻作品中脱颖而出，成为食品雕刻大舞台上的时尚先锋。

（一）琼脂冻制作过程

先将琼脂用冷水浸泡透，拣去硬心，用刀切碎，装入容器放入蒸箱内蒸至20分钟左右，待至呈糊状且充分溶解，取出琼脂倒入所需的容器中，然后根据雕刻作品颜色所需要加入先调好的果蔬汁或食用色素调至最佳效果。

（二）琼脂雕的工具与刀法

主要有平刀、直刀、“U”型刀和“V”型刀，其用途与前面讲述类似。一般多采用直刀雕刻。下刀前要做到心中有数，先刻出作品的大体轮廓，雕刻时下刀准确到位，干净利落，无回刀现象，这样雕出的作品才有质量，给人以强烈的视觉美感。若在雕刻时，回刀多次，留有刀痕，则影响整体效果。

（三）琼脂雕的特点

1. 原料不受季节的限制。
2. 作品晶莹剔透，如玉似翠，具有强烈的视觉美感。
3. 既可食用又可观赏，活跃气氛。
4. 琼脂雕原料可重复多次使用以降低成本。
5. 色调变化多样，随心所欲。

（四）琼脂雕刻的制作步骤

确定主题→设计造型→琼脂冻→初坯制作→细工雕刻→成品。

确定琼脂雕的主题如“雄鸡”，对其动态和造型进行认真设计，琼脂的冷却根据其长度、宽度和整件作品的大小来决定。琼脂雕刻颜色应根据所需事先加入调制。初坯制作时首先刻出雄鸡的形体特征、动态造型和底座的大体轮廓。然后刻出雄鸡头、尾、身的轮廓。细工雕刻是对雄鸡头、眼、冠和髯及陪衬物细节进行反复认真的雕刻。最后

根据宴会和菜点及展台的要求应用即可。

琼脂雕实例见案例十一“鲤鱼戏水”，图 4 – 17。

二、泡沫雕

泡沫雕是用泡沫板雕刻出的各种大型艺术作品。如动物、人物和景观等。有的作品还根据造型需要涂抹颜色。主要用于各种大型展台或美食节活动中观赏。其作品气势磅礴、造型逼真、增添气氛，具有很高的艺术性和技术性。同时还有一次制作，多次使用，存放时间长等特点。

1. 泡沫雕原料：泡沫板、胶、色料、竹签。
2. 泡沫雕工具与刀具：刻刀、电钨丝、喷枪。
3. 泡沫雕刻的步骤

确定主体→设计造型→泡沫板→初坯制作→细工雕刻→组合应用。

确定主题是指泡沫雕的作品应符合与宴会或展台的内容需求来确定泡沫雕的对象。如展台的主题为“中华魂”，再对其华表及陪衬物结构特征和造型进行设计。并根据造型的需求采取零雕整装法进行初坯制作。初坯制作时，还可用粉笔在泡沫板上绘出所需的图案，将其高度比例、大小形状特征及造型进行确定。细工雕刻是对华表、底座及陪衬物底座、龙（头、身、背、鳍、尾、腿、爪等）各个部位进行反复认真的雕刻。最后根据展台的要求将其组合应用即可。

泡沫雕实例见案例十二“中华魂”，图 4 – 18。

三、面塑

面塑，俗称面人，是我国流传甚广的民间工艺。面塑作品是以面粉为主要原料，加入各种颜料调合均匀，通过巧妙手法捏成各种人物、动物、景物及花鸟鱼虫等。其色彩艳丽，造型逼真，惟妙惟肖，深受人们的喜爱。

面塑艺术在我国有着悠久的历史和丰厚的文化底蕴，是中华美食文化的瑰宝，是劳动人民智慧的结晶。随着近几年餐饮业的不断发展与变化，中外烹饪技术比赛和美食节上，都能观赏到面塑艺术造型。由于近年来面塑工艺的不断创新，它由以前的观赏型发展到现在的既可观赏又可食用的高档面点造型。其技艺日臻完善，有突飞猛进之势。

1. 原料配比

配方一：面粉 400 克、糯米粉 150 克、开水 300 克、蜂蜜 50 克、食盐 30 克、色素适量、香油 50 克。其特点成品可塑性强，不易干裂。

配方二：澄粉 500 克、食盐 40 克、香油 50 克、开水 300 克、食用色素适量。其特点可塑性次之，易于干裂。

2. 面团制作过程

配方一：先将面粉、糯米粉、食盐、蜂蜜放入盆内搅拌均匀后，加入开水搅拌，然后拨成面饼入笼屉蒸约 30 分钟，取出加入香油和所需食用色素揉搓滋润使用。

配方二：先将澄粉、食盐放入盆内搅拌均匀后，加入开水搅拌，然后加入香油和所需食用色素揉搓滋润待用。

3. 面塑常用的工具

拨子、滚子、木梳、剪刀、镊子、面塑、面塑板、竹签、乳胶。

4. 面塑制作步骤

确定主题→设计造型→调制面团→制作骨架→初坯塑造→细工塑造→整体修饰→组合应用。

例如确定主题为“荷花仕女”。然后根据荷花仕女的外部特征和造型进行认真设计。调制面团应根据其作品颜色需求进行调制。制作骨架用竹签经火烤制定型，用白纸条沾上乳胶，缠在竹签上，以免面团在竹签上滑动。将肉色面团捏成仕女的头部，根据其动态、位置、大小用塑刀压出眼眶、鼻梁，用塑刀另一端挑出鼻孔。细工塑造嘴和眼，用黑色面团搓成眉毛状和眼睛，镶嵌上白色面团作白眼球，然后以头部为基准对荷花仕女的身高比例、形状特征、动作造型进行确定。整体修饰是对荷花仕女的头部五官、肢体、动作（包括手、脚、肩、肘、膝、腹、胸、腰）及衣服颜色和主体纹理进行认真的塑造。最后根据菜点要求组合应用即可。

面塑实例见案例十三“寿星”，图4－19。

食品雕刻技艺实例

［案例一］器物雕刻“渔家乐”

1. 原料：南瓜、胡萝卜。

2. 刀具：平口刀、直刀、“U”型刀。

3. 刀法：直切法、直刻法、旋刻法、戳刻法。

4. 雕刻方法：

①用平口刀分别刻出南瓜和胡萝卜、鱼篓和虾的初坯。

②根据鱼篓的外形结构特征进行确定。

③细工雕刻出其作品的造型。

④精细修饰竹蔑、叉错的花纹及虾的外型结构。

⑤根据菜点装饰的需求将其作品组合而成（如图4－3）。

图4－3　渔家乐

［案例二］景观雕刻“古塔生辉”

1. 原料：南瓜。

2. 刀具：平口刀、直刀、“U”型刀、“V”型刀。

3. 刀法:直刀法、直刻法、旋刻法、戳刻法。

4. 雕刻方法:

①用平口刀将原料的两头切去，并根据造型的特征分别切成六面锥形的初坯。

②用直刀从底部开始先刻出下面的台阶初坯，然后顺序逐一向上刻出七层塔身与塔檐的轮廓，随后再将上顶的形状刻出。

③用直刀先将底部台阶的坡面刻出，然后将每一个塔的层次和塔檐轮廓刻出，接着再将上面葫芦顶基形刻出。

④用直刀先将底部台阶层层刻出，然后用“V”型刀，将塔檐的瓦砾刻出，接着用“U”型刀将塔檐的瓦砾刻出，接着用“U”型刀从底部开始戳刻塔门，并去掉余料，使中间镂空，最后将葫芦顶刻好，另外刻出两个亭子、小桥及假山陪衬物等，然后组合而成(如图4-4)。

图4-4　古塔生辉

[案例三]人物雕刻“麻姑献寿”

1. 原料:南瓜、白萝卜、红心萝卜。

2. 刀具:平刀、直刀、“U”型刀。

3. 刀法:直切法、直刻法、旋刻法。

4. 雕刻方法:

①取南瓜底部切平，按照人体比例结构用直刀雕刻出仕女及陪衬物的初坯。

②用直刀将人物面部细刻一下，简单刻出上衣。

③刻出长裙，用“U”型刀戳出衣袖纹理及腰带、花结等。

④刻钗子和花纹作头饰，然后刻出两只手佩带镯子。

⑤白萝卜刻鹤，红心萝卜刻寿桃然后组合而成(如图4-5)。

图 4－5　麻姑献寿

[案例四]瓜盅、瓜灯雕刻

(一)西瓜盅

1. 原料:黑皮西瓜或冬瓜(椭圆形)。

2. 工具:直切法、直刻法、铲刻法、戳刻法。

3. 雕刻方法:先将西瓜的四分之一处留出，作为瓜盅盖，另外取瓜底四分之一作瓜盅底部，然后将中间的二分之一处用铅笔画出仕女造型图案。接着用直刀法将所有图案的边线浅刻并用铲刀除去边线以外的瓜皮料(使图案明显突出)，随后再用直刀、“U”型刀以及铲刀将留下的图案精细刻出。形成黑白对比，使图案纹理更鲜明，用刀将瓜盅盖撬起，挖出瓜瓤，另取一只瓜的三分之一，刻出瓜盅底座组合即成(如图 4－6)。

图 4－6　瓜盅

(二)腰鼓灯

1. 原料:黑皮西瓜(椭圆形)。

2. 工具:铅笔、圆规、直尺、直刀、铲刀、平口刀、“U”型刀。

3. 刀法:直切法、直刻法、铲刻法、镂刻法。

4. 雕刻方法:

用直尺、铅笔、圆规先在西瓜两端和下部分别画出两个圆形突环及装饰图案，在瓜体的中部用铅笔画出两只马的图案，然后用直刀法将所有图案的边线浅刻并用铲刀铲去边线以外的余料(使图案明显突出)，随后用直刀、“U”型刀以及铲刀将留下的图案精细刻出，这样形成黑白对比，使图案纹理鲜明，再用直刀将所有突环纹理浅刻出来，并用铲刀铲出，最后用刀将里面的瓜瓤挖掉(如图4－7)。

图4－7　瓜盅

(三)西瓜吊灯

1. 原料:黑皮西瓜。

2. 工具:圆规、直尺、铅笔、直刀、铲刀、“U”型刀。

3. 刀法:直切法、直刻法、戳刻法、铲刻法。

4. 雕刻方法:

用直尺、铅笔、圆规将方格环、园突环及人物造型、花纹图案在原料的表面画出，(注意在上端开口处的位置约占整个原料的四分之一用于取出瓜瓤)瓜体周围分别四个方格环等距离分布，环与环之间设计出人物的造型图案，瓜的底部是两个圆形突环，然后用直刀刻出所有的突环与图案实线并用铲刀铲出;再用“U”型刀将四分之一处开口戳刻一周去掉上盖，并将瓜瓤掏掉，随后再用直刀将环镂刻(使之凸出)，并将一些装饰图案该镂空的地方都刻去(使其透光)，然后细刻出装饰的花纹(如图4－8)。

图4－8　瓜盅

（四）西瓜座灯（多层）

1. 原料：黑皮西瓜。

2. 工具：圆规、直尺、铅笔、直刀、铲刀、平口刀、“U”型刀。

3. 刀法：直切法、直刻法、戳刻法、铲刻法、镂刻法。

4. 雕刻方法：

用直尺、铅笔、圆规将圆突环、半圆突环、方格突环及花纹图案在原料的表面画出，然后用直刀分别刻出所有的突环与图案的实线并用铲刀铲出，再用“U”型刀将另一只西瓜三分之一处的开口处戳刻一周去掉上盖，并将所有瓜瓤掏掉，随后再用直刀将环镂刻（使之凸出），再将一些装饰图案纹镂空的地方都刻去（使其透光），接下来再刻瓜灯的底座组合而成（如图 4－9）。

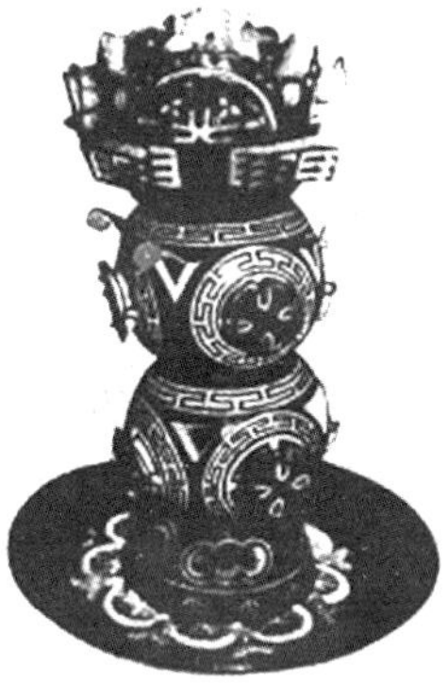

图 4－9　西瓜座灯（多层）

（五）花篮瓜灯

1. 原料：黑皮西瓜。

2. 工具：铅笔、圆规、直尺、直刀、铲刀、平口刀。

3. 刀法：直切法、直刻法、铲刻法、镂刻法。

4. 雕刻方法：

选一个略长的椭圆形西瓜，用铅笔、直尺、圆规先在瓜的中部画出交叉图案，篮把画出莲蓬突环状，篮体周围刻出交错的竹纬篾的形状，另取一只西瓜的三分之一刻底座，并设计出突环状，然后用直刀将所有突环纹图案的实线浅刻出来，并用铲刀将环线铲出，再用小号刻出瓜的细条，镶在篮边上，再除去其瓜瓤，最后用直刀将所有的环镂刻，使它们凸出即成（如图 4－10）。

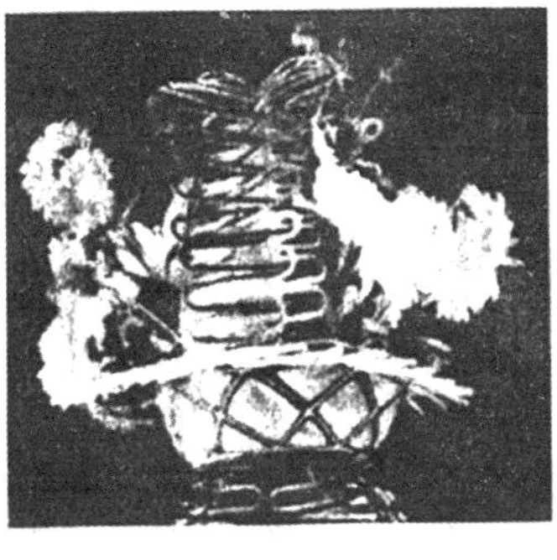

图 4－10　花篮瓜灯

［案例五］黄油雕“鹿”

1. 用黄油塑造三只鹿的不同姿态的造型，需要先做三只鹿的“骨架”（支撑物）。然后把黄油（麦淇淋）围绕着支架堆出三只鹿整体轮廓外形，再用拇指在其面部按压出鹿的眼窝，接着又用食指去勾勒鹿的鼻梁骨和嘴巴的大体轮廓。

2. 根据鹿的结构特征去添减黄油，捏出鼻和唇形。还要在眼窝处嵌入用黄油搓成的眼球。

3. 细工雕刻鹿的面部形态、身躯与四肢的造型，处理各个部分的骨骼、肌肉纹理及陪衬物即成(如图 4－11)。

图 4－11　鹿

[案例六]巧克力雕“雄鸡”

1. 原料:巧克力面坯。

2. 造型方法:

①用手将巧克力面坯捏出雄鸡及陪衬物的初坯。

②根据雄鸡的外形特征，用手捏出鸡的头、身躯、尾等。

③用“V”型刀细工刻出雄鸡头、嘴、冠、髯、翅膀及尾羽形状即成(如图 4－12)。

4－12　雄鸡

[案例七]糖粉膏雕“松鼠”

1. 原料:蛋糕坯、糖粉膏(根据所需调制色素)。

2. 造型方法:

①用蛋糕坯雕刻出松鼠及陪衬物假山的轮廓。

②用糖粉膏在蛋糕坯上抹出松鼠的初坯。

③根据松鼠的造型特征及颜色分别用裱花袋里的糖粉膏挤出松鼠的造型(头、耳、眼、嘴、身躯、尾部及其陪衬物)(如图 4－13)。

图 4－13　松鼠

[案例八]糖粉面坯雕“游趣”

1. 原料:糖粉面坯(根据所需调制色素)。

2. 造型方法:

①将糖粉面坯用手捏出两只金鱼的不同动态造型初坯。

②分别根据金鱼的形状特征,细工雕刻出金鱼头、嘴、眼、鳞、尾及陪衬物的形状。根据造型使其组合即成(如图 4－14)。

图 4－14　游趣

[案例九]脆糖雕“天鹅”

原料:砂糖、水晶糖体、三色糖体等。

造型方法:白色糖体拉出翅膀与尾羽。用水晶糖体吹出天鹅身体,另取一块透明糖体,吹出天鹅头形,塑出天鹅嘴,并与天鹅身体粘接。做好冠子粘在头的相应位置。画出眼睛即可(如图 4－15)。

图 4－15　天鹅

[案例十]冰雕“骏马奔腾”

1. 原料:冰块。

2. 工具:冰雕刀。

3. 刀法:直刀刻法。

4. 雕刻方法:

①根据其作品的大小和造型的特点选择冰块或用冰块堆砌,用冰雕刀刻出马的大体轮廓。

②用冰雕刀细工刻出马头、身躯、四肢、尾及陪衬物的造型。

③用清水将其浇一遍,使其晶莹剔透(如图4-16)。

图4-16　骏马奔腾

[案例十一]琼脂雕“鲤鱼戏水”

1. 原料:琼脂冻。

2. 工具:平口刀、直刀、“U”型刀、“V”型刀。

3. 刀法:直切法、直刻法、旋刻法、戳刻法。

4. 雕刻方法:

①用平刀从上端刻出三只鲤鱼的大体轮廓,然后用直刀刻出鱼的头部、身躯,再用“V”型刀刻出鱼的背鳍、胸鳍、尾部及底部浪花的初坯。

②用直刀细刻出鱼头,然后用“U”型刀戳刻出鱼鳞(鱼鳞要交错向后排列),接着用直刀细工刻出鱼鳍、鱼尾(其纹路要清晰、流畅),再用直刀将底座浪花逐一细致刻出即成(如图4-17)。

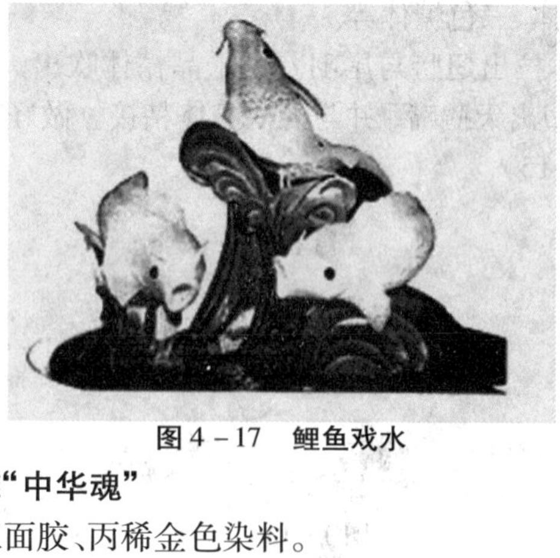

图4-17　鲤鱼戏水

[案例十二]泡沫雕“中华魂”

1. 原料:泡沫板、双面胶、丙稀金色染料。

2. 工具:平刀、直刀、电钨丝、喷枪。

3. 刀法：直切法、直刻法、旋刻法。

4. 雕刻方法：

①在泡沫板上用粉笔画出华表和龙的大体轮廓。

②采取零雕整装的方法。

③用电钨丝锯出作品的大体轮廓。

④然后用平刀在画好的图案上分别刻出华表与龙的初坯。

⑤用直刀刻出华表上部瑞兽基本形态。

⑥再将中柱刻成圆柱形。

⑦然后将两耳云修成扁状，在圆柱上刻出云状，并刻出华表的底座。

⑧用直刀分别刻出龙的外形特征（龙头、身躯、鳞、鳍、爪、尾等）及陪衬物造型。

⑨然后用喷枪涂上金色。

⑩根据宴会及展台的设计造型的需要，将其作品组合而成（如图 4 – 18）。

图 4 – 18　**中华魄**

［案例十三］面塑“寿星”

1. 原料：面团（前面所述两种面团之一）及乳胶、色素。

2. 工具：木梳、面塑刀、竹签、面塑板、剪子、镊子。

3. 制作方法：

①用肉色面团捏出大额头的头型，沾在竹签上，用塑刀压出额头，再做出眼、鼻、嘴、皱纹。

②原色面团做出身体，用白色面团压薄包在下端做成裙摆，并用塑刀压出衣纹。

③用红色面团压成薄片做上衣，用浅蓝色面团做成衣摆，压出衣纹，棕色面团搓成条缠在腰间做腰带。

④用红色面团做出胳膊，肉色面团做出双手，白色面团做出衣袖，分别组装在一起。

⑤用棕色面团做成长条压扁，粘上黄色寿字做成飘带即成寿星。

⑥用棕色、黄色面团分别做出龙头手杖和葫芦。

图 4 – 19　**寿星**

⑦另外分别用白色、棕色面团做出白鹤与鹿的造型，将其作品组合而成（如图 4－19）。

◆ 复习思考题

1. 什么是器物和景观雕刻？
2. 景观雕刻的要点是什么？
3. 景观雕刻作品在装饰菜点应注意什么？
4. 人物的造型特征是哪些？
5. 什么是瓜雕？
6. 瓜雕的刀具有哪些？
7. 瓜盅和瓜灯又分为哪些？
8. 瓜盅、瓜灯雕刻步骤有哪些？
9. 什么是奶油雕？奶油雕分为哪几种？
10. 黄油雕操作要点有哪些？
11. 巧克力雕刻操作要点有哪些？
12. 巧克力雕的工艺方法有哪些？
13. 糖雕的制作方法有哪些？
14. 糖粉雕分为哪几种？
15. 什么是糖粉膏和糖粉面坯？
16. 什么是脆糖雕？
17. 脆糖雕方法和操作要点有哪些？
18. 什么是冰雕？冰雕的注意事项是什么？
19. 什么是琼脂雕？特点是什么？
20. 什么是泡沫雕？
21. 什么是面塑？
22. 面塑常用的工具有哪些？

第五章　盘式设计技艺

● **本章学习重点**

掌握盘式设计图案制作、适用原料、制作技能。

● **本章教学目的**

通过本章的学习，使学生了解盘式设计的适用范围，理解盘式设计的特点及作用，掌握盘式设计的选料、图案设计及制作技能，并能举一反三、灵活运用。

菜肴盘式设计又称菜肴围边、菜肴盘饰。是以菜肴为主体围摆在盆边的装饰品（以新鲜的水果、蔬菜作原料），对菜肴起着陪衬和烘托的作用。

艳丽、素雅或栩栩如生的围边，不仅能突出菜肴色、形的艺术感染力，还能诱人食欲、提高菜肴的品位与趣味，给人以高雅优美的享受。同时还可渲染及活跃筵席的气氛，为宾客增添欢快、愉悦的情趣。

第一节　简易盘式设计

[例 1－1] **云山花边**

原料：黄瓜、新鲜的红尖椒。

工具：白圆盘一个（18 寸），广刀、雕刻刀。

步骤：

1. 将黄瓜选粗细均匀的中段，顺长平刀片，一分为二。
2. 将黄瓜切成半圆片，沿盆边叠摆成若干组鱼鳞形状。
3. 将新鲜的红尖椒切成大小均匀的圆圈，放在每组黄瓜片的交接处加以点缀即成。

“云山花边”拼摆实例见彩插图 5－1。

[例 1－2] **太极八卦**

原料：黄瓜、玉米笋。

工具：白圆盘一个（18 寸），广刀、雕刻刀。

步骤：

1. 将黄瓜切制成半圆片，对摆成八卦图案。

2. 将玉米笋切制成薄厚均匀的小圆片，排放在黄瓜片平口处即成。

“太极八卦”拼摆实例见彩插图 5－2。

[例 1－3] **万年青**

原料：黄瓜、红樱桃。

工具：白圆盘一个(18 寸)，广刀、雕刻刀。

步骤：

1. 将黄瓜切成半圆薄片，叠摆成鱼鳞形状，并呈三角形。

2. 将红樱桃切制成小圆片，三个一组拼成三朵小花。

3. 将黄瓜根切成连刀片，做为小花的叶子进行衬托。

“万年青”拼摆实例见彩插图 5－3。

[例 1－4] **太极花环**

原料：黄瓜、橙子、红樱桃。

工具：白圆盘一个(18 寸)，广刀、雕刻刀。

步骤：

1. 将甜橙切成圆片，在中间划一刀，长度为圆片的半径，左右分别翻转，扭成太极花摆放在盘子的四角。

2. 将黄瓜一分为二，并切成连刀片，搓开呈叶子形衬托在太极花的底部。

3. 将红樱桃切成半圆片点缀在花瓣上即成。

“太极花环”拼摆实例见彩插图 5－4。

[例 1－5] **鳄鱼**

原料：黄瓜、胡萝卜、鹌鹑变蛋。

工具：白圆盘一个(18 寸)，广刀、雕刻刀。

步骤：

1. 将黄瓜片皮，并雕刻成一只鳄鱼形状，胡萝卜切三角片做舌头。

2. 胡萝卜切成半圆片，并刻成波浪花纹围摆在周围。

3. 用黄瓜雕刻成水草，鹌鹑变蛋切做小石头点缀即可。

“鳄鱼”拼摆实例见彩插图 5－5。

[例 1－6] **蛙趣**

原料：黄瓜、红樱桃、橙子、相思豆。

工具：白圆盘一个(18 寸)，广刀、雕刻刀。

步骤：

1. 黄瓜片皮，雕刻成蛙腿，并摆成两只跃起的蛙形。

2. 将黄瓜头斜切下一段做青蛙的身体，相思豆做眼睛。

3. 橙子切成半圆片围摆在四周。

4. 红樱桃切半圆片点缀即可。

“蛙趣”拼摆实例见彩插图 5－6。

[例 1－7] **大红花**

原料：黄瓜、熟胡萝卜、香菜、红樱桃。

工具：白圆盘一个（18 寸），广刀、雕刻刀。

步骤：

1. 将熟胡萝卜切成半圆片，围摆成一朵月季花。

2. 将黄瓜片皮改刀成菱形，再切成连刀片，搓成树叶状衬托在花的两侧。

3. 香菜顺一侧摆成树叶，并用红樱桃点缀即可。

“大红花”拼摆实例见彩插图 5－7。

[例 1－8] **金鱼戏水**

原料：黄瓜、变蛋、西红柿、红绿樱桃。

工具：白圆盘一个（18 寸），广刀、雕刻刀。

步骤：

1. 顶刀将西红柿切成 4 瓣，取其 1 瓣再一切为二，就可并合成金鱼的身体。切西红柿小片做鱼鳍，绿樱桃一分为二做鱼眼睛；黄瓜片皮切成连刀片做鱼尾。

2. 用变蛋一分为二做第二个鱼身体，变蛋切半圆片拼摆成鱼尾，红樱桃做眼睛。

3. 西红柿切半圆片围摆在四周并用绿樱桃点缀。

4. 红樱桃切圆片做金鱼吐出的气泡。

“金鱼戏水”拼摆实例见彩插图 5－8。

第二节　组合盘式设计

[例 2－1] **三角菊花**

原料：心里美萝卜、黄瓜。

工具：白圆盘一个（18 寸），广刀、雕刻刀。

步骤：

1. 将心里美萝卜切成长方体，雕刻成数朵四角花，拼摆成一朵菊花放在盘子的中间。

2. 将黄瓜顺长一分为二，切成连刀片（三片为一组），将每组中间一片卷起，并立摆在花的周围，同时将盘子摆分为三等分。

3. 最后用四角花点缀三行黄瓜花的顶端即可。

“三角菊花”拼摆实例见彩插图 5－9。

[例2－2] **生日快乐**

原料：黄瓜、橙子、红樱桃、生日蜡烛。

工具：白圆盘一个(18 寸)，广刀、雕刻刀。

步骤：

1. 将黄瓜根雕刻成锯齿形底座，并将蜡烛插在底座上，将制好的底座摆在盘子中间。

2. 将黄瓜顺长一分为二，再切成夹刀片；红樱桃切成月牙状分别夹在每个黄瓜的夹刀片中，并围绕底座围摆出一朵大丽花。

3. 橙子切成半圆片围摆一周。

4. 红樱桃切小圆片点缀在橙片的连接处即可。

“生日快乐”拼摆实例见彩插图5－10。

[例2－3] **双寿图**

原料：黄瓜、苹果、柠檬、熟西兰花、红绿樱桃。

工具：白鱼盘一个(18 寸)，广刀、雕刻刀。

步骤：

1. 将苹果一分为二，分别在顶端切出夹刀片，顺一个方向推出，形成两个寿桃，摆在盘子的两端；熟西兰花围摆在寿桃的底部。

2. 柠檬切成半圆片分别立摆在寿桃的两侧，外围用半圆形的黄瓜片围摆。

3. 将红绿樱桃切的月牙片点缀即可。

“双寿图”拼摆实例见彩插图5－11。

[例2－4] **双形菊花**

原料：橙子、西红柿、芹菜叶。

工具：白鱼盘一个(18 寸)，广刀、雕刻刀。

步骤：

1. 将橙子一分为二，切成连刀片(7 刀一组)，每隔一片卷起呈菊花状摆在盘子的两端；芹菜叶点缀周围。

2. 西红柿切成半圆片，立摆在菊花的两侧即成。

“双形菊花”拼摆实例见彩插图5－12。

[例2－5]**寿桃**

原料：黄瓜、西红柿。

工具：白圆盘一个(18 寸)，广刀、雕刻刀。

步骤：

1. 西红柿切柳叶片围摆成一个桃形。

2. 黄瓜切半圆片压摆在西红柿的外围。

3. 黄瓜片下瓜皮，一是改成菱形并切连刀片，搓开呈叶子状；二是雕刻成树干形，点缀即成。

“寿桃”拼摆实例见彩插图 5－13。

[例 2－6]**葡萄**

原料：黄瓜、红绿车厘子、胡萝卜、橙子。

工具：白圆盘一个(18 寸)，广刀、雕刻刀。

步骤：

1. 将红绿车厘子切半圆片分别摆成两串葡萄，并用黄瓜皮雕刻成的叶子点缀。(葡萄大小占盘子的三分之一)

2. 黄瓜切半圆片立摆在葡萄一侧。

3. 橙子、胡萝卜切成半圆片，间隔摆在盘边即成。

“葡萄”拼摆实例见彩插图 5－14。

[例 2－7]**聚宝盆**

原料：黄瓜、绿车厘子、西红柿、橙子。

工具：白圆盘一个(18 寸)，广刀、雕刻刀。

步骤：

1. 取西红柿半个，切面朝下放置，在西红柿上方中间起刀，切出 6 层左右的“V”字形夹刀片，并在其中间再剖划一刀，将片向两侧阶梯式推开，使其呈元宝状，绿车厘子堆放在其中摆在盘子的一端。

2. 黄瓜顺长一分为二，斜刀切连刀片(7 连片)，卷成水草花；橙子切半圆片与水草花一同点缀在元宝周围。

3. 另取西红柿切半圆片立摆在元宝一侧。

4. 黄瓜切半圆片，一反一正摆成波浪花边即成。

“聚宝盆”拼摆实例见彩插图 5－15。

[例 2－8]**椰岛风光**

原料：黄瓜、金针菇、卤猪肝、鹌鹑变蛋。

工具：白圆盘一个(18 寸)，广刀、雕刻刀。

步骤：

1. 将黄瓜顺长片直四分之一厚，切成 2 毫米左右的厚片，并推摆成椰树的树干；取黄瓜皮雕刻成椰树的叶子拼摆在树干的顶端。

2. 卤猪肝切半圆片在椰树的一侧叠摆成山；金针菇顺长摆在椰树与山的中间，做沙滩。

3. 鹌鹑变蛋切半圆片点缀在金针菇上做小石头即成。

“椰岛风光”拼摆实例见彩插图 5－16。

第三节　立体雕刻盘式设计

[例3-1]孔雀开屏

原料：黄瓜、胡萝卜、心里美萝卜、熟西兰花、鹌鹑变蛋、橙子、相思豆。

工具：白圆盘一个(18寸)，广刀、雕刻刀。

步骤：

1. 将胡萝卜雕刻成孔雀头摆在盘子的一端；橙子取两个1/4的块，分别切成“V”字开夹刀片，并向一方向推开做翅膀摆在孔雀头的两侧。

2. 取黄瓜、心里美萝卜、橙子分别切成连刀片，搓摆在头的后边，做孔雀的身体及羽毛。

3. 胡萝卜切片并雕刻成孔雀的尾巴，并用鹌鹑变蛋点缀，摆在羽毛后。

4. 另取黄瓜切三连片，卷水草花；胡萝卜雕刻小四角花点缀盘中即可。

“孔雀开屏”拼摆实例见彩插图5-17。

[例3-2]双鸭戏水

原料：煮鸡蛋、熟胡萝卜、盐水西兰花、黄瓜、橙子。

工具：白鱼盘一个(18寸)，广刀、雕刻刀。

步骤：

1. 鸡蛋去皮做鸭子的身体；胡萝卜片成片并雕刻成鸭子的头、翅膀，安装在其身体的两侧，摆放在盘子的一端。

2. 把西兰花围在鸭子的周围，黄瓜切连刀片卷水草花摆在外侧。

3. 橙子切半圆片围摆盘边即可。

“双鸭戏水”拼摆实例见彩插图5-18。

[例3-3]和平鸽

原料：红苹果、胡萝卜、柠檬、西红柿、香菜。

工具：白圆盘一个(18寸)，广刀、雕刻刀。

步骤：

1. 红苹果切取出2/3，分三部分切成“V”字形夹刀片，顺一方向推开，呈鸽子的羽毛和翅膀状。取剩余1/3苹果雕刻成鸽子的头并组装成形摆在盘子的一端。

2. 柠檬切半圆片围摆在一侧；香菜与胡萝卜刻制的角花点缀其中。

3. 西红柿取皮切条，一反一正围摆盘边即可。

“和平鸽”拼摆实例见彩插图5-19。

[例3－4]仙鹤迎春

原料:煮鹌鹑蛋、白萝卜、柠檬、洋香菜、黄瓜、红樱桃、花椒籽。

工具:白鱼盘一个(18寸),广刀、雕刻刀。

步骤:

1. 煮鹌鹑蛋去皮做仙鹤的身体;白萝卜切片雕刻成头和翅膀;红樱桃切半圆片做鹤顶;花椒籽做眼睛。将以上各部件组装起来,码成两只展翅的仙鹤放于盘子的一端。

2. 洋香菜做草地点缀;柠檬切半圆片围摆在一侧。

3. 取黄瓜根,切成小圆片围摆在盘边即可。

“仙鹤迎春”拼摆实例见彩插图5－20。

[例3－5]鲤鱼跃龙门

原料:南瓜、火龙果、橙子、洋香菜、相思豆。

工具:白圆盘一个(18寸),广刀、雕刻刀。

步骤:

1. 南瓜去皮雕刻一条跃起的鲤鱼和一组海浪,放于盘子的一端,并用洋香菜点缀。

2. 火龙果切半圆片围摆盘边;橙子切半圆片紧贴火龙果叠摆一层即可。

“鲤鱼跃龙门”拼摆实例见彩插图5－21。

[例3－6]金鱼

原料:南瓜、白萝卜、柠檬、红车厘子、琼脂、食用色素。

工具:白圆盘一个(18寸),广刀、雕刻刀。

步骤:

1. 用南瓜雕刻两条金鱼,红车厘子切一半,并在内侧改十字花刀固定在金鱼的头部,相思豆做眼睛。

2. 白萝卜雕刻成水中石头,另取南瓜刻成水中的荷叶。

3. 琼脂加水上笼蒸化,加入绿食用色素倒入盘子的一角,晾凉凝固。

4. 将雕刻好的金鱼、石头、荷叶组装在琼脂上,并用黄瓜改成的半圆片围摆一侧。

5. 柠檬切半圆片搓摆在盘边,红车厘子切柳叶片均匀点缀即可。

“金鱼”拼摆实例见彩插图5－22。

[例3－7]椰林风光

原料:胡萝卜、椰茸、鹌鹑变蛋、黄瓜、食用色素。

工具:白圆盘一个(18寸)、广刀、雕刻刀。

步骤:

1. 椰茸用黄色素拌匀,做金色沙滩堆放在盘子一侧。

2. 胡萝卜雕刻两棵椰树放在沙滩中。

3. 鹌鹑蛋切半圆片摆做石头;取黄瓜皮雕刻小草点缀即成。

“椰林风光”拼摆实例见彩插图5－23。

[例 3－8]**雄鸡出山**

原料：南瓜、洋香菜、火龙果、黄瓜、鲜花、相思豆。

工具：白圆盘一个（18 寸），广刀、雕刻刀。

步骤：

1. 将南瓜雕刻一只公鸡，相思豆做眼睛置于盘子一角，洋香菜、鲜花铺摆周围点缀。

2. 火龙果切半圆片围摆盘边。

3. 黄瓜切夹刀片，并将一片向内卷起压摆在火龙果上即成。

“雄鸡出山”拼摆实例见彩插图 5－24。

[例 3－9]**天鹅乐**

原料：苹果、白萝卜、火龙果、柠檬、桔皮、洋香菜、黄瓜、纸伞、胡萝卜、相思豆。

工具：白圆盘一个（18 寸），广刀、雕刻刀。

步骤：

1. 红苹果切取出 2/3，分三部分切成“V”字形夹刀片，顺一方向推开，呈天鹅的羽毛和翅膀状；白萝卜切片雕刻成鹅的脖子；胡萝卜雕刻成鹅头。将各部件组装成一只展翅的天鹅置于盘子一端。

2. 另取白萝卜雕刻山石并衬在天鹅底部。

3. 桔皮刻花纹卷起并用纸伞固定；白萝卜刻小花；并一齐同洋香菜点缀在天鹅周围。

4. 黄瓜切半圆片围立体边。

5. 火龙果切半圆片围盘边，橙子切半圆片围摆在第二层即成。

“天鹅乐”拼摆实例见彩插图 5－25。

[例 3－10]**鸟语花香**

原料：南瓜、黄瓜、橙子、相思豆、鲜花。

工具：白圆盘一个（18 寸），广刀、雕刻刀。

步骤：

1. 南瓜雕刻花、树枝及小鸟置于盘子一端。

2. 黄瓜切连刀片，卷水草花围摆点缀。

3. 橙子切半圆片围摆在盘子两侧。

4. 鲜花点缀在盘子另一端即可。

“鸟语花香”拼摆实例见彩插图 5－26。

[例 3－11]**松鼠**

原料：南瓜、盐水西兰花、心里美萝卜、桔子。

工具：白圆盘一个（18 寸），广刀、雕刻刀。

步骤：

1. 南瓜进行整雕，雕刻一只松鼠及一棵大松树置于盘子一角；西兰花铺于周围；

桔子切半圆片围立体边。

2. 心里美萝卜切半圆形，并雕刻上锯齿形花纹，切薄片围摆盘边即成。

“松鼠”拼摆实例见彩插图5－27。

［例3－12］**骏马奔腾**

原料：南瓜、胡萝卜、西兰花、火龙果、黄瓜、心里美萝卜、桔子。

工具：白圆盘一个（18寸），广刀、雕刻刀。

步骤：

1. 南瓜雕刻一匹奔腾骏马并置于盘子一端；胡萝卜雕刻成若干朵四角花与西兰花一起点缀在马的周围。

2. 桔子切半圆片围立体边。

3. 心里美萝卜雕刻角花组拼成一朵大红花；黄瓜切连刀片卷成佛手花点缀置于盘子的另一端。

4. 火龙果切半圆片围摆在盘子两侧即成。

“骏马奔腾”拼摆实例见彩插图5－28。

［例3－13］**鹦鹉**

原料：南瓜、黄瓜、相思豆、菜叶、鲜花。

工具：白圆盘一个（18寸），广刀、雕刻刀。

步骤：

1. 南瓜整雕一只鹦鹉，相思豆做眼睛并置于盘子一端。

2. 用菜叶、鲜花点缀鹦鹉周围。

3. 黄瓜切半圆片在盘边搓摆成立体边即成。

“鹦鹉”拼摆实例见彩插图5－29。

［例3－14］**腾龙**

原料：南瓜、胡萝卜。

工具：白圆盘一个（18寸），广刀、雕刻刀。

步骤：

1. 南瓜取一块雕刻成盘起的龙身体。

2. 另取南瓜雕刻龙头、龙爪、龙须并组装在龙身上。

3. 胡萝卜切片雕刻成火焰状。

4. 再取南瓜雕刻一组浪花与龙组装在一起。

5. 胡萝卜切半圆片并改上波浪花纹沿盘边围摆一圈即可。

“腾龙”拼摆实例见彩插图5－30。

［例3－15］**天女散花**

原料：牛腿南瓜、盐水西兰花、橙子、心里美萝卜、鲜花。

工具：白圆盘一个（18寸），广刀、雕刻刀。

步骤：

1. 用牛腿南瓜雕刻仙女，另取南瓜片雕刻仙女的裙带及花蓝并组装放于盘子一端。

2. 西兰花与鲜花点缀在仙女周围。

3. 橙子切半圆片围摆盘边。

4. 心里美萝卜切半圆形，且在圆边处雕刻波浪花纹，改刀切半圆片间隔摆压在橙片上即成。

“天女散花”拼摆实例见彩插图 5－31。

[例 3－16]伏狮罗汉

原料：牛腿南瓜、盐水西兰花、柠檬、红樱桃、鲜花、菜叶。

工具：白圆盘一个(18 寸)，广刀、雕刻刀。

步骤：

1. 用牛腿南瓜雕刻罗汉一个；另取南瓜一块雕刻一只雄狮并将他们组装在一起置于盘子一端；西兰花点缀周围。

2. 菜叶与鲜花置于盘子另一端。

3. 柠檬切半圆片摆于盘子两侧；红樱桃切片点缀在柠檬片交接处即成。

“伏狮罗汉”拼摆实例见彩插图 5－32。

[例 3－17]嫦娥

原料：南瓜、洋香菜、白萝卜、火龙果、桔子、鲜花。

工具：白圆盘一个(18 寸)，广刀、雕刻刀。

步骤：

1. 取南瓜一块雕刻嫦娥；另取一块南瓜雕刻云朵；用白萝卜雕刻小白兔一只，再将以上成品组装成形并置盘子一端。

2. 洋香菜和鲜花点缀在嫦娥周围。

3. 火龙果切半圆片围边。

4. 桔子切半圆片交叉压摆于火龙果上即可。

“嫦娥”拼摆实例见彩插图 5－33。

第四节　西餐盘式设计

[例 4－1]香草

原料：胡萝卜条、白萝卜条、鲜薄荷叶。

工具：白圆盘一个(18 寸)，西餐刀。

步骤：

1. 将胡萝卜条、白萝卜条用刀刻上花纹，交替摆成柴垛形，并在中间插立两个白萝卜片卷成的卷。

2. 鲜薄荷叶摆旁边点缀即成。

“香草”拼摆实例见彩插图 5－34。

[例 4－2] 五彩寿司

原料：三文治火腿、芝士片、唐生菜、红罗马生菜、黄瓜条、黄甜椒条、芝士条、胡萝卜条。

工具：白圆盘一个（18 寸），西餐刀。

步骤：

1. 唐生菜、红罗马生菜洗净，将三文治火腿切大片（长方形）。

2. 将三文治火腿片铺底，唐生菜铺上层，并将黄瓜条、黄甜椒条、芝士条、胡萝卜条摆放在一端，将其卷起，再切成均匀的段，摆在盘子的一侧。

3. 另取芝士片、唐生菜、红罗马生菜卷放在旁边即成。

“五彩寿司”拼摆实例见采用图 5－35。

[例 4－3] 生鲜彩果

原料：西瓜、哈蜜瓜、青苹果、橙子、葡萄。

工具：白圆盘一个（18 寸），西餐刀。

步骤：

1. 西瓜切三角片摆盘子一角。

2. 哈蜜瓜切三角片并刻出波浪花纹；青苹果切半圆片；橙子两角并将皮从一端片起至 3/4 处，皮上切一斜口（不能切断）向内卷起；将切好的哈蜜瓜、青苹果、橙子摆在第二层。

3. 葡萄洗净堆放在第三层即可。

“生鲜彩果”拼摆实例见彩插图 5－36。

[例 4－4] 小花绿叶

原料：唐生菜、西生菜、水萝卜、胡萝卜、黄瓜、红罗马生菜、紫椰菜。

工具：白圆盘一个（18 寸），西餐刀。

步骤：

1. 水萝卜雕刻成花；胡萝卜和黄瓜皮雕刻成叶子；再将它们与唐生菜、西生菜、红罗马生菜、紫椰菜一起堆放在盘子的一角。

2. 另取水萝卜用刀刻上花纹并切成片，两片一组摆放在另一端点缀即成。

“小花绿叶”拼摆实例见彩插图 5－37。

[例 4－5] 莳萝果球

原料：橙子、葡萄、红车厘子、西瓜、哈蜜瓜、时萝草、柠檬、法香叶。

工具：白圆盘一个（18 寸），西餐刀。

步骤：

1. 橙子取其 4/5，并将橙肉挖去做果篮，橙皮切丝安插在篮边放在盘子的一角。

2. 将西瓜、哈蜜瓜挖成水果球，并与葡萄、红车厘子一起放入篮中，用时萝草点缀。

3. 柠檬切片并在一边切一刀口，并将一端卷起放于盘子另一角，法香叶点缀即成。

“莳萝果球”拼摆实例见彩插图 5－38。

[例 4－6]什锦花开

原料：唐生菜、胡萝卜、圣女果、绿芦笋、黄甜椒、迷你包菜。

工具：白圆盘一个(18 寸)，西餐刀。

步骤：

1. 胡萝卜擦成网摆在盘子的一端，唐生菜点缀其后。

2. 圣女果在顶端切十字刀口，并用绿笋片点缀；迷你包菜切十字刀口与黄甜椒片一起摆放在生菜旁。

3. 笋片与黄甜椒条在盘子另一侧交替摆放点缀即可。

“什锦花开”拼摆实例见彩插图 5－39。

[例 4－7]青果红心

原料：西瓜、哈蜜瓜、橙子、葡萄、青苹果。

工具：白圆盘一个(18 寸)，西餐刀。

步骤：

1. 西瓜切三角片；哈蜜瓜切长条片并刻上波浪花纹；橙子去皮切成圆片；将以上水果按层次摆放在盘子的一端。

2. 葡萄点缀在水果的间隙。

3. 青苹果取 1/4 块，切夹刀片并向一侧均匀推出，再用牙签固定在哈蜜瓜上即可。

“青果红心”拼摆实例见彩插图 5－40。

[例 4－8]火龙红珊

原料：西瓜、火龙果、哈蜜瓜、草莓、鲜刁草、红苹果。

工具：白圆盘一个(18 寸)，西餐刀。

步骤：

1. 红苹果切块；哈蜜瓜切长条片并刻出波浪花纹；将它们摆在盘子的一角。

2. 另取 1/4 的红苹果一块，切夹刀片并均匀向上携出，固定在哈蜜瓜旁。

3. 西瓜、火龙果挖成果球与草莓一起堆放点缀。

4. 鲜刁草点缀即可。

“火龙红珊”拼摆实例见彩插图 5－41。

第五节　面雕盘式设计

[例5－1]牡丹花开

用料：橙粉、食用色素、胡萝卜、黄瓜。

工具：波浪边白圆盘一个（18寸），雕刻刀、广刀。

步骤：

1. 橙粉用热水调成面团，并用色素染成黄色、粉色及绿色，再用手搓出两朵茶花、几片绿叶及一个蝈蝈，放于盘子的一角。

2. 胡萝卜切半圆片立着搓摆盘边一周。

3. 黄瓜切半圆片压摆在胡萝卜片的外围即成。

“牡丹花开”拼摆实例见彩插图5－42。

[例5－2]并蒂莲

用料：橙粉、食用色素、胡萝卜、黄瓜。

工具：波浪边白圆盘一个（18寸），雕刻刀、广刀。

步骤：

1. 橙粉用热水调成面团，加入食用色素，调成白色、桔红色、绿色三种色彩的面团。

2. 用白色面团搓成两朵马蹄莲，用桔红色面团做花心，绿色面团搓压成叶子并摆在盘子的一角。

3. 胡萝卜切半圆片，并打上波浪花纹，拼摆一圈即可。

“并蒂莲”拼摆实例见彩插图5－43。

[例5－3]勤劳

用料：橙粉、可可粉、胡萝卜、黄瓜、洋香菜。

工具：白色18寸鱼盘一个，雕刻刀、广刀、面塑刀。

步骤：

1. 橙粉与可可粉用水调成面团后，捏成一头牛的外形，并用面塑刀挑出牛的嘴、眼及牛角，放于盘子的一端，并用洋香菜做草来点缀。

2. 胡萝卜、黄瓜切半圆片围摆一圈即可。

“勤劳”拼摆实例见彩插图5－44。

[例5－4]顶绣球

用料：橙粉、食用色素、橙子、黄瓜、西红柿、红色车厘子。

工具：白色18寸鱼盘一个，雕刻刀、广刀、面塑刀。

步骤：

1. 橙粉与食用色素用水调成黑白相间的面团，捏成海狮的形状，另用蓝色为主的彩色面团做成秀球与海狮组装成形，摆于盘子的一端。

2. 黄瓜切夹刀片（三连片），中间一片卷起，做成水草花点缀在盘子的两端。

3. 橙子、西红柿切半圆片围在盘子的两侧。

4. 红色车厘子切半圆片；黄瓜皮切叶子点缀即可。

“顶绣球”拼摆实例见彩插图 5－45。

[例 5－5] **金龙鱼**

用料：橙粉、食用色素、黄瓜、胡萝卜。

工具：白色 20 寸圆盘一个，雕刻刀、广刀、面塑刀、花边刀。

步骤：

1. 橙粉与食用色素用水调成红色、黑白相间及绿色面团。

2. 红色面团捏成一条大眼泡金鱼，并用面塑刀、花边刀做出鱼鳍和鱼尾，置于盘子的一角；黑白相间的面团捏出两个小石头；绿色面团搓成水草点缀。

3. 黄瓜根切小圆片摆出鱼吐的泡泡。

4. 黄瓜切半圆片围摆一圈，胡萝卜切菱形片摆在黄瓜片的衔接处即可。

“金龙鱼”拼摆实例见彩插图 5－46。

第六节　展台布置设计

[例 6－1] **展台——“鱼跃龙门”**

展台布局格式：背景平台型。

原料：泡沫雕刻（鲤鱼跃龙门）、南瓜雕刻、冷拼、热菜、面点品种、装饰灯等。

展台布局过程：

1. 以泡沫雕刻为背景，将南瓜雕刻、冷拼、热菜、面点品种摆放在平面展台上，并用装饰灯来点缀突出。

2. 平面展台也多以方形或长方形为主。

展台特点：展台设计直观、简洁，适用于各种宣传展示活动。

“鱼跃龙门”展台拼摆实例见彩插图 5－47。

[例 6－2] **展台——“中华腾龙宴”**

展台布局格式：背景平台型。

原料：泡沫雕刻、冷拼、热菜、装饰灯等。

展台布局过程：

1. 以泡沫雕刻为背景，制作一个方形的平面展台。

2. 冷拼、热菜放于平面展台上。

3. 装饰灯照明点缀即可。

展台特点:展台设计平面、直观、简洁,适用于各种宣传展示活动。

“中华腾龙宴”展台拼摆实例见彩插图 5－48。

[例 6－3]展台——“腾飞”

展台布局格式:背景中心型。

用料:泡沫板、金粉、3 平方米方形台面一个、1.5 平方米方形台面一个、桌布、果蔬雕刻、西瓜盅、冷拼作品、热菜作品、面点作品、花草、装饰灯等。

展台布局过程:

1. 此展台以泡沫雕刻“龙”为背景,白鹭为衬托,形成“腾飞”的主题。

2. 在背景前的大型台面上再放置一个 1.5 平方米的小台面,并将突出展台主题的果蔬雕刻及冷拼作品放上,作为宴席展台的中心。

3. 西瓜盅、热菜作品、面点作品再依次围绕着中心台面摆放。

4. 花草、装饰灯等摆放装饰即成。

展台特点:中心主题突出,层次清晰,适合烹饪大赛选用。

“腾飞”展台拼摆实例见彩插图 5－49。

[例 6－4]展台——“跨越”

展台布局格式:背景环绕型。

用料:大型泡沫雕刻、台布、双层方形展台、装饰灯等。

展台布局过程:

1. 将大型泡沫雕刻固定于上层台面,以展示主题。

2. 环绕于第一层展台的四周,将烹饪作品摆放在下层展台,以突出泡沫雕背景。

展台特点:背景放置于展台中心,烹饪作品环绕其四周,适用于西餐参赛展台。

“跨越”展台拼摆实例见彩插图 5－50。

[例 6－5]展台——“飞翔”

展台布局格式:背景阶梯型。

用料:以仙鹤为造型的大型泡沫雕刻、四层梯形台面、台布、蔬菜雕刻、冷拼作品、西瓜盅及热菜、面点作品等。

展台布局过程:

1. 将西瓜盅及热菜、面点作品等依次摆放在第一层台面(最底层台面)。

2. 冷拼作品放置于第二层台面。

3. 蔬菜雕刻放置于第三层台面。

4. 以仙鹤为造型的大型泡沫雕刻放置于最高层台面。

展台特点:展台台面呈阶梯式上升,能由高向下依次突出宴席的主题思想及主题作品,适用于大赛选用。

“飞翔”展台拼摆实例见彩插图 5－51。

案例分析

在某一宾馆，王先生为其过百岁的老父亲办一桌高档寿宴以示庆贺，于是宾馆厨师们为老寿星精心准备并制作了一桌色、香、味、形、器俱佳的美味菜肴。宴席过后，王先生找到餐厅经理提出了他对宴席的不满。原因是厨师在宴席的头菜盘饰中雕刻了一只鹰，与寿宴主题内容不符。

分析：

1. 雕刻造型中的寿星、桃、松树、仙鹤等是长寿、长青的象征，而鹰则有远征、高飞、大展宏图等寓意，因此鹰的雕刻造型不适合在寿宴中出现。

2. 厨师应对动物、植物的寓意进行了解与学习，要根据不同国家的风俗、不同宴席的主题来设计制作菜肴盘饰的雕刻作品及展台作品。

◆ 复习思考题

1. 制作两款简易盘式。
2. 制作两款组合盘式。
3. 制作两款立体雕刻盘式。
4. 制作两款西餐盘式。
5. 制作两款面塑盘式。
6. 依据所学的菜肴围边技巧，如何进行创新，并举一反三将它们灵活地运用到实际工作中。

第六章　果盘技艺

● **本章学习重点**

掌握果盘的设计制作技能。

● **本章教学目的**

通过对本章的学习，使学生了解果盘的设计，能熟练地掌握平面与立体的果盘切雕、拼摆的制作。

水果拼盘就是将各种时令水果进行切雕、拼摆，组合成各种几何及象形图案，并具有一定观赏价值的拼盘制作方法。

水果雕切艺术在我国历史悠久。据史书记载，北宋时每年农历七月初七，汴京人就将瓜雕刻成花样，叫做“花瓜”。南宋宫廷还制作各式雕刻蜜饯，以供御用。现代水果雕切艺术，较早流行于我国香港、台湾等地，近些年来才陆续传到内地。并逐渐盛行起来。水果拼盘不仅大量使用在宴会和筵席中，目前，在茶庄、酒吧的运用也相当广泛。

第一节　平面果盘设计

一、花型盘

[例 1 – 1] **心花怒放**

原料:西瓜、菠萝、橙子、雪梨、杨桃、红樱桃、提子、西香菜。

步骤:

1. 西瓜去皮切片呈五角形摆放在果盘中。
2. 将半圆状菠萝切片，蝶形摆放在西瓜的间隔处。
3. 橙子去皮呈五角形摆放在西瓜交接处。
4. 雪梨在果盘中间摆成花朵状。
5. 杨桃插放在雪梨中间。
6. 用提子、红樱桃和西香菜点缀即可。

花型盘——“心花怒放”拼摆实例见彩插图 6 – 1。

二、象形盘

[例1－2] **飞蝶**

原料：菠萝、提子、西瓜、龙眼、青苹果、艺果、猕猴桃、小番茄、西香菜。

步骤：

1. 将西瓜切成三角块作为蝴蝶的大小翅膀，猕猴桃切片点缀于大翅膀外。
2. 芒果两块切十字花刀作蝴蝶的身体，旁边点缀西香菜。
3. 青苹果切成薄片的塔形作蝴蝶的触角。
4. 菠萝切成刀面放半颗小番茄作蝴蝶的尾部。
5. 龙眼和提子点缀蝴蝶的头即可。

象形盘——“飞蝶”拼摆实例见彩插图6－2。

三、凹型盘

[例1－3] **葵花向日**

原料：香瓜、芒果、葡萄、樱桃。

步骤：

1. 将香瓜对半切成两半，除瓤子，每半作三等分，将香瓜皮切雕成单叶状。
2. 芒果肉横直切割成小方格，再翻开芒果皮使成龟壳装凸肉。
3. 将材料如图排列在盘中即可。

凹型盘——“葵花向日”拼摆实例见彩插图6－3。

四、腰型盘

[例1－4] **虹桥赠珠**

原料：哈蜜瓜、蛇果、鲜荔枝、橘瓣、西香菜、红绿樱桃。

步骤：

1. 将西瓜切成长方形的片并剞上花刀，整齐摆放在盘中。
2. 在西瓜块的左右两边放上剞上同样刀工的哈蜜瓜，并用橘瓣和绿樱桃点缀。
3. 西瓜片的前后用切成薄片摆成塔形的蛇果、荔枝、红樱桃、西香菜点缀即可。

腰型盘——“虹桥赠珠”拼摆实例见彩插图6－4。

五、方型盘

[例1－5] **姹紫嫣红**

原料：西柚、柠檬、提子、西瓜、青苹果、橙子、西香菜。

步骤：

1. 橙子和青苹果切块，雕成花草状，摆放第一、二层。
2. 西瓜切三角形块，整齐摆叠为第三、四层。
3. 用西柚切三角片，柠檬切半圆形并用提子、西香菜点缀作为第五层。

方型盘——“姹紫嫣红”拼摆实例见彩插图6－5。

六、组合盘

[例1 -6] **样样可爱**

原料：黄河蜜瓜、猕猴桃、圆葡萄、苹果、香蕉、长葡萄、海棠果、橘子、哈蜜瓜、西瓜、绿樱桃、西香菜。

步骤：

1. 黄河蜜瓜切均匀等份的三角块，将瓜皮与瓜肉分离至2/3处翻折，反扣在盘内，中间堆放葡萄，夹角处放西香菜。
2. 猕猴桃切片，码成桥梁状。
3. 苹果切均匀等份的三角块，在左边缘刻一刀，中部划一长“V”状线，开口左端与左边斜线相连，再在右边缘斜刻一刀，与开口右端相连，将果皮分割至2/3处，将切断的果皮轻轻剔出。
4. 香蕉斜刀切片，码成一朵花，花蕊以绿樱桃点缀。
5. 长葡萄整齐地平放在盘里。
6. 海棠果堆放在一边，以苹果花和西香菜点缀。
7. 橘子去皮，分切等份摆成两行。
8. 哈蜜瓜去皮，切长方块，相互交错排列。
9. 西瓜去皮，切三角块，相互交错摆放即可。

组合盘——“样样可爱”拼摆实例见彩插图6 -6。

第二节 立体果盘设计

一、高脚型盘

[例2 -1] **夏之韵**

原料：蛇果、西瓜、提子、橙、木瓜、西香菜。

步骤：

1. 蛇果切成薄片堆成塔型，放于杯的后部，前面是切成花草块的蛇果。
2. 左右两边放翻出皮的木瓜块。
3. 前面放上折好皮的橙子块。
4. 提子和西香菜点缀即可。

高脚型盘——“夏之韵”拼摆实例见彩插图6 -7。

二、圆型盘

[例2 -2] **春光乍泄**

原料：西瓜、橙子、雪梨、小番茄、兰花、西香菜。

步骤：

1. 西瓜切三角形的块呈圆形摆放在果盘中。

2. 将西瓜皮雕成蝶恋花的主体造型摆放在正中间。

3. 中间主体造型的周围放适量小番茄。

4. 橙子、雪梨去皮后间隔摆放在西瓜上面。

5. 用兰花、西香菜点缀即可。

圆型盘——“春光乍泄”拼摆实例见彩插图 6－8。

三、方型盘

[例 2－3] **婀娜多姿**

原料：西瓜、蛇果、提子、小番茄、小玉西瓜、西香菜。

步骤：

1. 用西瓜皮折成花草状放于盘的后部。

2. 西瓜成山峰状位于中部，左右分别是切成块折皮的小玉西瓜和切成薄片的成塔形的蛇果。

3. 将蛇果切成块雕成花草状与小番茄、提子、西香菜点缀即可。

方型盘——“婀娜多姿”拼摆实例见彩插图 6－9。

四、重叠型盘

[例 2－4] **华夏大地**

原料：哈蜜瓜、西瓜、橙子、小番茄、樱桃、葡萄、猕猴桃、西香菜。

步骤：

1. 首先选用图中所示的三种器皿，并将它们按大小放稳。

2. 底层的橙子切成小片后片开皮折好，排一圈；并将切成三角块的西瓜均匀放好，中间隔放葡萄和西香菜。

3. 中间的哈蜜瓜切成小块雕成花草状围放一周，中间用小番茄、葡萄和西香菜隔开。

4. 顶部用西瓜皮雕成叶状和花草作装饰，哈蜜瓜切成小块雕好后左右各一块，前面是镶嵌小番茄的猕猴桃，周围用樱桃、小番茄和西香菜点缀即可。

重叠型盘——“华夏大地”拼摆实例见彩插图 6－10。

案例分析

某酒店承办一个自助餐婚宴，该酒店的果雕师设计了一组主题为“松鹤延年”的大型文体果盘，遭到宴客主人的指责。请问你应如何处理？

◆ 复习思考题

1. 制作两款平面果盘。

2. 制作两款立体果盘。

3. 在教师的指导下，学生根据自己所掌握的平面和立体果盘设计知识，发挥自己的创意，设计并制作出新的果盘式样。

第七章 冷菜拼摆技艺

● **本章学习重点**

掌握冷菜拼摆图案设计制作及拼摆技法。

● **本章教学目的**

通过本章的学习，使学生了解冷菜拼摆的适用范围，理解冷菜拼摆的特点及作用，掌握冷菜拼摆的选料、图案设计及制作技能，并能举一反三、灵活运用。

冷菜拼摆就是将食品原料经过烹饪加工制作成冷菜后，再切配装摆成花、鸟、鱼、兽、植物、风景、人物等图案造型的技术。冷盘是宴席上的第一道菜，它的色、香、味、形、器直接影响到客人对整个宴席的评价。千姿百态、形象生动的艺术冷盘能使人心旷神怡、兴趣盎然，不仅能引起人们的食欲，对活跃宴席气氛、提高宴席档次也起着锦上添花的作用。

第一节 单拼、双拼、三拼

一、单拼

[例 1－1] 桥形单拼

用料：鸡肉肠。

工具：花边圆盘一个（7 寸），广刀。

步骤：

1. 将鸡肉肠切成带波浪花纹的半圆片。
2. 摆放成桥形即可。

特点：造型简洁、食用性强，适用于中、低档宴席的围碟、单盘。

“桥形单拼”实例见彩插图 7－1。

[例 1－2] 花形单拼①

用料：盐水虾、洋香菜。

工具：花边异形盘一个（7 寸），广刀。

步骤：

1. 将盐水虾围摆成圆形花。

2. 用洋香菜点缀。

特点：采用围摆的技法，造型简洁，食用性强，是花色拼盘的围碟及单拼。

“花形单拼①”实例见彩插图 7－2。

[例 1－3] 花形单拼②

用料：蟹肉条、洋香菜、白萝卜。

工具：花边异形盘一个(7 寸)，广刀。

步骤：

1. 蟹肉条切菱形块摆成花形(每层交错开)。

2. 洋香菜点缀花旁。

3. 白萝卜片成片卷成喇叭花点缀即可。

特点：采用叠摆的技法拼成大丽花形，造型美观，食用性强，是花色拼盘的围碟及单拼。

“花形单拼②”实例见彩插图 7－3。

[例 1－4]柴垛形单拼

用料：洋香菜、酸甜萝卜条。

工具：花边异形盘一个(7 寸)，广刀。

步骤：

1. 将酸甜萝卜条在盘中堆成柴垛形。

2. 洋香菜点缀于一旁。

3. 白萝卜片成片并卷成喇叭花点缀即成。

特点：采用堆摆的技法，造型简洁，食用性强，是花色拼盘的围碟及单拼。

“柴垛形单拼”实例见彩插图 7－4。

[例 1－5]动物形(奔马)单拼

用料：烤鸭。

工具：金边圆盘一个(7 寸)，广刀。

步骤：

1. 将烤鸭带少量的肉片下大块鸭皮。

2. 将鸭皮雕刻出一匹马的形状。

3. 另取鸭皮一块切成细丝摆做马尾即成。

特点：采用雕刻拼摆的技法制成动物造型，形象生动，寓意深刻，是花色拼盘的围碟及单拼。

“动物形(奔马)单拼”实例见彩插图 7－5。

二、双拼

[例1-6]大丽花

用料:糖醋白菜卷、海带卷。

工具:金边方盘一个(7寸),广刀。

步骤:

1. 将海带卷切成马蹄块。

2. 将糖醋白菜卷也切成马蹄块。

3. 先把海带卷切的块在盘中间摆成圆形。

4. 再把白菜卷切的块交错摆在海带卷上(共三层)直至花心。

特点:采用围摆的技法制成大丽花型,两种原料色彩搭配鲜艳,花形美观,是花色拼盘的围碟及双拼。

“大丽花”拼摆实例见彩插图7-6。

三、三拼

[例1-7]三拼①

用料:白斩鸡、卤牛肉、卤肚片、洋香菜、蕃茄。

工具:花边鱼盘一个(9寸),广刀。

步骤:

1. 将卤牛肉切薄片分二层摆在盘子的一端,呈半圆形。

2. 卤肚片分二层围摆在盘子的另一端。

3. 白斩鸡切长方块分二层摆在盘子的中间。

4. 蕃茄切角花与洋香菜一起点缀即可。

特点:用三种凉菜原料进行拼摆,食用极强,可在宴席中做单碟使用。

“三拼①”实例见彩插图7-7。

[例1-8]三拼②

用料:卤猪肝、火腿肠、黄瓜、肉肠、蜇皮菊花。

工具:花边圆盘一个(9寸),广刀。

步骤:

1. 用黄瓜切成凤尾花刀的长片摆在盘中,并将盘子分为三等份。

2. 以卤猪肝、火腿肠、肉肠为主料,分别切成带波纹的半圆片,分别压摆在盘子三等份中。

3. 蜇皮菊花点缀在盘子中间即成。

特点:以三种凉菜原料为主的单碟,色彩鲜艳,口味多样,可适用于中档宴席。

“三拼②”实例见彩插图7-8。

第二节　什锦拼盘

[例2－1]什锦拼盘①

用料:卤牛肉、叉烧肉、黄瓜、火腿肠、盐水虾、蛋白糕、腌青笋、香肠、烤鸭皮、凉拌鸡丝、红樱桃。

工具:白圆盘一个(18寸),广刀。

步骤:

1. 将卤牛肉、叉烧肉、黄瓜、火腿肠、蛋白糕、腌青笋、香肠分别切成1寸长的均匀长方片,并顺圆围摆一圈至二层(要求:片与片的间距、层与层的间距都要均匀)。

2. 盐水虾片成片围摆一圈封顶。

3. 凉拌鸡丝、红樱桃点缀在上。

4. 烤鸭皮切成半圆形并雕刻上花纹,沿原料外围摆一圈即成。

特点:用料广泛,口味多样,色彩鲜艳且搭配合理,营养丰富,食用性极强,是中低档宴席常用拼盘品种。

“什锦拼盘①”实例见彩插图7－9。

[例2－2]什锦拼盘②

用料:蛋黄糕、卤牛舌、黄瓜、火腿、蛋白糕、卤冬菇、番茄、海蜇、盐水鸡。

工具:白圆盘一个(18寸),广刀。

步骤:

1. 将蛋黄糕、卤牛舌、黄瓜、火腿、蛋白糕、卤冬菇分别切成带波浪花纹的半圆片,顺盘边向右旋转拼摆一圈。并用刀将周围多出的部分修齐。

2. 番茄切半圆片沿圆的内侧围摆一圈。

3. 将海蜇、盐水鸡切丝堆放在盘子的中心即可。

特点:用料广泛,口味多样,色彩鲜艳且搭配合理,营养丰富,食用性极强,是低档宴席常用拼盘品种。

“什锦拼盘②”实例见彩插图7－10。

[例2－3]什锦四角拼盘

用料:蛋黄糕、卤猪舌、黄瓜、火腿、肉肠、蛋白糕、卤猪耳、番茄、莴笋、蜇皮卷、变蛋、蛋皮卷。

工具:白圆盘一个(18寸),广刀。

步骤:

1. 蛋黄糕、卤猪舌、火腿、肉肠分别切成长方片,并在盘中压摆成四方形(也叫四角形)。

2. 蛋白糕、卤猪耳、黄瓜、蛋皮卷切长方片以同样的方法摆成四方形(作为第二层)。

3. 中心铺番茄片和莴笋片。

4. 最上层摆切成块的蜇皮卷即成。

特点:造型别致,用料广泛,口味多样,色彩鲜艳且搭配合理,营养丰富,食用性极强,是高档宴席常用拼盘品种。

“什锦四角拼盘”实例见彩插图 7-11。

[例 2-4]什锦七星拼盘

用料:蛋黄糕、卤猪舌、黄瓜、火腿、肉肠、蛋白糕、卤猪耳、番茄、柠檬、卤口蘑、红车厘子、凉拌鱿鱼花。

工具:白圆盘一个(18 寸),广刀。

步骤:

1. 蛋黄糕、卤猪舌、黄瓜、火腿、肉肠、蛋白糕、卤猪耳分别切成带花纹的半圆片,并在盘中分别叠摆成七个树叶形。

2. 柠檬切圆片,并在皮上改出花刀围摆在七个叶子的交接处。

3. 卤口蘑切成连刀片并顺一方向搓开,围摆在柠檬片上。

4. 红车厘子切圆片点缀在口蘑上;番茄切半圆片沿内圆围摆一圈;凉拌鱿鱼花围摆成花形封顶即成。

特点:用料广泛,口味多样,造型美观并呈七星图案,色彩亮丽,是中高档宴席的拼盘品种。

“什锦七星拼盘”实例见彩插图 7-12。

[例 2-5]什锦梅花拼盘

用料:蛋黄糕、卤牛舌、黄瓜、火腿、肉肠、发菜蛋卷、番茄、蒜泥方肉、凉拌海蜇花。

工具:白圆盘一个(18 寸),广刀。

步骤:

1. 蛋黄糕、卤牛舌、黄瓜、火腿、肉肠分别切成半圆片,并改上花纹,在盘中向右旋转拼摆成五个梅花花瓣,再用刀将花瓣修成圆形(花瓣摆二层)。

2. 黄瓜切圆片在每个花瓣的间隙处叠摆成鱼鳞状;发菜蛋卷切圆片顺一方向压摆在黄瓜片上。

3. 番茄切半圆片沿内侧围摆一圈,蒜泥方肉切长方片卷成筒状沿番茄片围摆一圈。

4. 凉拌海蜇花摆中间封顶即成。

特点:形似梅花,用料广泛,口味多样,色彩亮丽,是中高档宴席的拼盘品种。

“什锦梅花拼盘”实例见彩插图 7-13。

第三节　花色拼盘

一、平面花色拼盘

[例3-1] 旭日东升

用料：凉拌菜、酱猪肝、凉拌鸡丝、火腿肠、蛋白糕、蛋黄糕、腌黄瓜、叉烧肉、熟胡萝卜、西兰花、西红柿、卤香菇。

工具：16寸白圆盘一个，雕刻刀、广刀。

制作工艺：

1. 将凉拌菜垫成一座山的形状。
2. 酱猪肝、火腿肠、蛋白糕、蛋黄糕、腌黄瓜、叉烧肉、熟胡萝卜分别改刀成长方片，要求薄厚均匀。
3. 将改刀后的原料分别拼盖在底料上，要求色泽搭配合理，且拼出山峰的造型特点。
4. 山底用西兰花、西红柿封盖。
5. 卤香菇雕刻成松树的树杆。
6. 黄瓜切成连刀片，摆成松叶点缀。
7. 西红柿切一圆片做太阳。

特点：造型简单、美观，色泽鲜艳，原料丰富，是低档宴席常用的拼盘图案。

“旭日东升”拼摆实例见彩插图7-14。

[例3-2] 秋硕

用料：酱猪肝、凉拌鸡丝（或凉拌菜）、火腿肠、蛋白糕、蛋黄糕、腌黄瓜、叉烧肉、熟胡萝卜、鹌鹑变蛋。

工具：14~16寸白圆盘一个，广刀一把、雕刻刀一把。

制作工艺：

1. 将凉拌鸡丝（或凉拌菜），在盘中垫出三片葡萄叶的形状。
2. 将酱猪肝、蛋白糕、蛋黄糕、腌黄瓜、叉烧肉、熟胡萝卜都切成柳叶片的形状。
3. 将柳叶片分别均匀的拼盖在垫底的原料上，要求色彩搭配开，且压片均匀。更要在最上层压出叶脉来。
4. 黄瓜片下绿皮，雕刻成根点缀。
5. 将鹌鹑变蛋放入凉水锅中，用小火煮熟，并去皮，切成半圆形（可一分为二）。
6. 将切好的鹌鹑变蛋在叶子下拼成一串葡萄，要求造型自然、形象（注意：不能将葡萄拼成等边三角形）。
7. 取一黄瓜，顺长片下皮，并切成3~4条丝，点缀在叶子上。

8. 将拼好的成品整理干净。

特点:造型美观,制作工艺简单,色彩鲜艳,是低档宴席常用品种。

“秋硕”拼摆实例见彩插图 7-15。

[例 3-3]富贵

用料:火腿肠、鱼肉卷、蛋黄糕、熟胡萝卜、心里美萝卜、西兰花、腌黄瓜、卤香菇、盐水虾、琼脂、食用色素。

工具:20 寸白圆盘一个,广刀、雕刻刀。

制作工艺:

1. 琼脂、食用色素蒸化打底。
2. 火腿肠、鱼肉卷、蛋黄糕、熟胡萝卜、盐水虾切片依次摆出山石。
3. 熟胡萝卜、心里美萝卜切半圆且带波浪花纹的片,摆出两朵牡丹花。
4. 黄瓜取皮,切成叶子,香菇雕刻树干与西兰花一同点缀。
5. 用蛋黄糕、熟胡萝卜、黄瓜拼一只小蝴蝶即可。

特点:牡丹花富丽华贵,色彩鲜艳且寓意深刻。

“富贵”拼摆实例见彩插图 7-16。

[例 3-4] 雁南飞

用料:火腿肠、蛋白糕、蛋黄糕、腌黄瓜、熟胡萝卜、凉拌鸡丝、发菜、变蛋。

工具:16 寸白圆盘一个,广刀、雕刻刀。

制作工艺:

1. 用凉拌鸡丝垫出三只大雁的造型。
2. 腌黄瓜片下皮,雕刻成大雁的八字形尾巴,并摆在底料的尾部。
3. 火腿肠、蛋白糕、蛋黄糕、腌黄瓜、熟胡萝卜分别切成细小的柳叶片,拼盖在底料上,做大雁的羽毛。要求层次清晰、自然,色彩搭配协调、合理。
4. 发菜用水泡软,并斩成泥,拼盖成大雁的头部。
5. 蛋白糕雕刻成大雁的眼睛,胡萝卜雕刻成嘴进行点缀。
6. 变蛋切成薄柳叶片,拼成大雁的两对翅膀。
7. 腌黄瓜片成瓜皮,并雕刻成柳树,拼摆点缀即成。

特点:造型生动、形象,是中档宴席常用的品种。

“雁南飞”拼摆实例见彩插图 7-17。

[例 3-5] 牡丹花

用料:凉拌菜(凉拌鸡丝)、酱猪肝、火腿肠、蛋白糕、蛋黄糕、腌黄瓜、熟胡萝卜、西兰花、盐水虾。

工具:16 寸白圆盘一个,广刀。

制作工艺:

1. 用凉拌菜或凉拌鸡丝垫出六个牡丹花的花瓣。
2. 将酱猪肝、火腿肠、蛋白糕、蛋黄糕、腌黄瓜、熟胡萝卜等原料分别改切成大柳叶片的形状。

3. 将改刀后的原料分层次拼盖在底料上，要求色彩搭配开。

4. 腌黄瓜切成连刀片围压在上层。

5. 盐水虾片成片围摆成一朵牡丹花。

6. 还可用西兰花点缀。

7. 取黄瓜片下瓜皮，并切成菱形片，并切连刀片，用手搓成树叶状，点缀在每两朵花瓣的中间。

特点：此拼盘用料丰富、形似牡丹，色泽鲜艳，食用性强，是中档宴席常用的品种。

“牡丹花”拼摆实例见彩插图7－18。

[例3－6]马蹄莲(半立体)

用料：琼脂、食用色素(蓝)、熟鸭卷、盐水基围虾、猪肝、西红柿、蛋白糕、蛋黄糕、熟香菇、腌黄瓜、胡萝卜、土豆泥、火腿肠、熟芹菜杆、熟蒜苔。

工具：20寸白圆盘一个，菜刀一把、雕刻刀2把。

制作工艺：

1. 琼脂用水洗净，放入汤盆中，加水，上笼蒸化搅匀，并放入微量蓝色食用色素，拌匀后倒入白盘中，待其冷却凝固。

2. 在盘中用土豆泥垫出两朵马蹄莲的外形轮廓和叶子的造型。

3. 蛋白糕切成长柳叶片，顺同一方向，沿底料外形拼摆两层，并将最上边一层向外翻起一半，另用蛋黄糕雕刻成花心，插入花的中间。

4. 腌黄瓜片下皮，雕刻成花座。

5. 熟芹菜杆或熟蒜苔做花杆。

6. 熟鸭卷、盐水基围虾、熟猪肝、西红柿、蛋白糕、蛋黄糕、熟香菇、腌黄瓜、胡萝卜分别切成半圆片或大柳叶片，拼成不同的小花和叶子。

特点；马蹄莲花色洁白，造型美观，立体感较强，是高档宴席常用的拼盘品种。

“马蹄莲(半立体)”拼摆实例见彩插图7－19。

[例3－7] 喜鹊登梅

用料：火腿肠、蛋白糕、蛋黄糕、腌黄瓜、熟胡萝卜、凉拌鸡丝、发菜、变蛋、酱猪肝、叉烧肉、西兰花、西红柿、卤香菇、盐水虾、樱桃。

制作工艺：

1. 用凉拌鸡丝垫出一座山和两只喜鹊的造型。

2. 将火腿肠、蛋白糕、蛋黄糕、腌黄瓜、熟胡萝卜、变蛋、酱猪肝分别切成长条片，拼摆成山石，并用叉烧肉、西兰花、西红柿、卤香菇、盐水虾拼成山的底部。

3. 另将火腿肠、蛋白糕、蛋黄糕、腌黄瓜、熟胡萝卜切成小柳叶片，拼盖成鸟的羽毛。

4. 发菜斩茸做成鸟头，并用蛋白刻成眼睛点缀。

5. 胡萝卜雕刻成嘴进行装点。

6. 黄瓜片下瓜皮，刻成鸟的爪子点缀。

7. 卤香菇和樱桃刻成梅花树点缀即成。

特点:具有喜庆的含义，造型美观、生动，用料丰富，色彩艳丽，是婚宴及其他中、高档喜庆宴席常用的拼盘品种。

“喜鹊登梅”拼摆实例见彩插图 7－20。

[例 3－8] **双寿图**

用料:火腿肠、蛋白糕、蛋黄糕、腌黄瓜、熟胡萝卜、凉拌鸡丝、发菜、变蛋、酱猪肝、叉烧肉、西兰花、西红柿、卤香菇、盐水虾、樱桃。

工具: 14～16 寸白圆盘一个、广刀一把、雕刻刀一把。

制作工艺:

1. 用凉拌鸡丝垫出一座山和两只寿带鸟的造型。
2. 火腿肠、蛋白糕、蛋黄糕、腌黄瓜、熟胡萝卜、变蛋、酱猪肝、叉烧肉、西兰花、西红柿、卤香菇、盐水虾分别改刀成形，并拼摆出一座山峰。
3. 火腿肠、蛋白糕、蛋黄糕、腌黄瓜、熟胡萝卜切成柳叶片，拼成两只寿带鸟。
4. 发菜做头部，腌黄瓜、熟胡萝卜雕刻成嘴和眼睛点缀。
5. 腌黄瓜、卤香菇、樱桃等刻拼成梅花树点缀即成。

特点:用料广泛，色彩艳丽，造型美观，食用性强，是寿宴及中、高档宴席常用的品种。

“双寿图”拼摆实例见彩插图 7－21。

[例 3－9] **母爱**

用料:火腿肠、蛋白糕、蛋黄糕、腌黄瓜、熟胡萝卜、凉拌鸡丝、酱猪肝、叉烧肉、西兰花、西红柿、盐水虾、樱桃。

工具:20 寸白圆盘一个，菜刀一把、雕刻刀 2 把。

制作工艺:

1. 凉拌鸡丝垫出山石和一只母鸡的造型(体形要肥而短)。
2. 火腿肠、蛋白糕、蛋黄糕、酱猪肝、叉烧肉、西兰花、西红柿、盐水虾、切成半圆片摆成山石。
3. 盐水虾、樱桃切圆片摆成月季花。
4. 腌黄瓜片下皮，雕刻成大柳叶片，并摆出鸡尾部造型(呈扇形且小而短)。
5. 火腿肠、蛋白糕、蛋黄糕、腌黄瓜、熟胡萝卜切成柳叶片，拼摆成鸡的羽毛。
6. 蛋黄糕雕刻嘴和爪子点缀。
7. 熟胡萝卜片成厚片，雕刻成母鸡的鸡冠(要小)点缀即成。

特点:用料丰富，造型美观、生动、形象，是中高档宴席常用品种。

“母爱”拼摆实例见彩插图 7－22。

[例 3－10] **比翼双飞**

用料:火腿肠、蛋黄糕、腌黄瓜、熟胡萝卜、凉拌鸡丝、酱猪肝、鸭肉卷、变蛋、西兰花、西红柿、发菜。

工具:20 寸白圆盘一个，广刀、雕刻刀。

制作工艺:

1. 凉拌鸡丝在盘中垫出两只双飞雁及山的外形。

2. 黄瓜皮刻做尾巴;蛋黄糕、熟胡萝卜、腌黄瓜切柳叶片摆做羽毛;变蛋切柳叶片摆做翅膀;发菜剁茸摆头部。

3. 酱猪肝、鸭肉卷、变蛋、西兰花、西红柿切半圆片依次摆出假山。

4. 胡萝卜、黄瓜围摆花草即成。

特点:色彩艳丽、造型美观、寓意深刻，是中高档婚宴选用图案之一。

“比翼双飞”拼摆实例见彩插图 7 – 23。

[例 3 – 11] **报喜**

用料:凉拌菜、火腿肠、卤香菇、变蛋、叉烧肉、腌胡萝卜、卤海参、盐水西兰花、蛋白糕。

工具:20 寸白圆盘一个，广刀、雕刻刀。

制作工艺:

1. 凉拌菜垫出喜鹊及山石的形状。

2. 卤海参雕刻出喜鹊的尾巴和翅膀羽毛并拼摆成形。

3. 蛋白糕切柳叶片拼摆羽毛;香菇雕刻爪子并切丝拼头部。

4. 火腿肠、卤香菇、变蛋、叉烧肉切片拼摆假山;盐水西兰花点缀。

5. 卤香菇、腌胡萝卜雕刻梅花树并拼摆成形。

“报喜”拼摆实例见彩插图 7 – 24。

[例 3 – 12] **蝶恋花**

用料:凉拌菜、发菜卷、盐水虾、黄瓜、腌胡萝卜、盐水西兰花、蛋白糕、卤猪肝、蛋黄糕。

工具:20 寸白圆盘一个，广刀、雕刻刀。

制作工艺:

1. 用凉拌菜垫出一只蝴蝶和假山的形状。

2. 发菜卷、黄瓜、腌胡萝卜、蛋白糕、蛋黄糕切成大柳叶片，依次拼摆出蝴蝶的翅膀。

3. 黄瓜与胡萝卜片卷成身体，黄瓜丝做须。

4. 发菜卷、蛋白糕、卤猪肝、蛋黄糕切半圆片和盐水虾、盐水西兰花一起拼摆假山。

5. 胡萝卜切片与丝摆小花点缀即可。

“蝶恋花”拼摆实例见彩插图 7 – 25。

[例 3 – 13] **争鸣**

用料:凉拌菜、火腿肠、盐水虾、黄瓜、腌胡萝卜、盐水西兰花、蛋白糕、水晶肘花、卤猪肝、蛋黄糕。

工具:20 寸白圆盘一个，广刀、雕刻刀。

制作工艺:

1. 凉拌菜垫出两只黄鹂鸟的形状。

2. 蛋白糕雕刻出尾巴;火腿肠、黄瓜、腌胡萝卜、蛋黄糕切柳叶片拼摆黄鹂的羽毛及翅膀。

3. 黄瓜取皮雕刻拼摆翠竹。

4. 水晶肘花、卤猪肝切片,盐水西兰花、盐水虾拼摆山石。

5. 腌胡萝卜切半圆片围摆花,黄瓜皮雕刻叶子点缀即成。

特点:黄鹂形象可爱,色彩亮丽,是喜宴选用的图案之一。

“争鸣”拼摆实例见彩插图 7－26。

二、半立体及立体花色拼盘

[例 3－14]仙鹤展翅

用料:琼脂、食用色素、鱼肉丝、蛋白糕、蛋黄糕、变蛋、黄瓜、盐水胡萝卜、红樱桃、西兰花。

工具:20 寸白圆盘一个,广刀、雕刻刀。

制作工艺:

1. 琼脂洗净上笼蒸化并加入食用色素倒入盘中等待其凝固。

2. 鱼肉丝垫出两只仙鹤的外形;盐水胡萝卜切片并雕刻成仙鹤的腿;蛋白糕、变蛋切柳叶片拼摆成身体羽毛、翅膀及脖子;胡萝卜雕刻成嘴;红樱桃切一半做鹤顶。

3. 蛋白糕、蛋黄糕、黄瓜、盐水胡萝卜切三角片,立摆在仙鹤的下方。

4. 西兰花点缀即可。

“仙鹤展翅”拼摆实例见彩插图 7－27。

[例 3－15] 梅竹锦鸡(立体)

用料:火腿肠、蛋白糕、蛋黄糕、腌黄瓜、熟胡萝卜、土豆泥、发菜、变蛋、酱猪肝、叉烧肉、西兰花、西红柿、卤香菇、盐水虾、樱桃等(肉卷、发菜卷、菜卷、蛋卷)。

工具:20 寸白圆盘一个,菜刀一把,雕刻刀 2 把。

制作工艺:

1. 用土豆泥垫出山石和一只锦鸡(大月牙状)的造型。

2. 变蛋、酱猪肝、叉烧肉、西兰花、西红柿、卤香菇、盐水虾、樱桃等(肉卷、发菜卷、菜卷、蛋卷)切半圆片或圆片,拼盖成山石。

3. 蛋白糕改切成锦鸡的尾部,并用香菇丝点缀成花纹。

4. 火腿肠、蛋白糕、蛋黄糕、腌黄瓜、熟胡萝卜分别切成小柳叶片,拼摆成锦鸡的羽毛。

5. 熟胡萝卜切厚片,雕刻成鸡的头冠、嘴,并插入头部。用发菜茸将头的四周压盖成形,在头的两侧点上眼睛。

6. 蛋黄糕切厚片,雕刻成鸡爪拼摆成形。

7. 腌黄瓜片下瓜皮,雕刻成竹子,并拼摆成竹林即成。

特点:图案造型复杂,用料广泛,立体感强、美观,色彩鲜艳,寓意深刻,是高档宴席的常用品种。

“梅竹锦鸡(立体)”拼摆实例见彩插图 7－28。

[例 3－16] 鸟语花香(立体)

用料:火腿肠、蛋白糕、蛋黄糕、腌黄瓜、熟胡萝卜、土豆泥、酱猪肝、叉烧肉、西兰花、西红柿、盐水虾、樱桃等(肉卷、发菜卷、菜卷、蛋卷)。

工具:20 寸白圆盘一个,菜刀一把,雕刻刀 2 把。

制作工艺:

1. 土豆泥垫出山石和两只翠鸟的立体造型。

2. 火腿肠、蛋白糕、蛋黄糕、酱猪肝、叉烧肉、西兰花、西红柿、盐水虾、切成半圆片摆成山石。

3. 盐水虾、樱桃、肉卷、发菜卷、菜卷、蛋卷切滚刀块或圆片摆成大丽花或月季花。

4. 火腿肠、蛋白糕、蛋黄糕、腌黄瓜、熟胡萝卜切成柳叶片,拼摆成两只翠鸟的羽毛。

5. 蛋黄糕雕刻嘴和爪子点缀。

6. 腌黄瓜片下皮,雕刻成竹林点缀即成。

特点:用料丰富,造型美观,花卉鲜艳,立体感较强,是高档宴席常用品种。

“鸟语花香(立体)”拼摆实例见彩插图 7－29。

[例 3－17]私语(立体)

用料:火腿肠、蛋白糕、蛋黄糕、腌黄瓜、熟胡萝卜、土豆泥、叉烧肉、双色发菜卷、西红柿。

工具:20 寸白圆盘一个,菜刀一把,雕刻刀 2 把。

制作工艺:

1. 土豆泥垫出山石、一只母鸡和一只公鸡的立体造型。

2. 腌黄瓜取皮,雕刻出母鸡和公鸡尾部并拼摆成形。

3. 火腿肠、蛋白糕、蛋黄糕、熟胡萝卜、叉烧肉分别切柳叶片形并依次拼摆成母鸡和公鸡羽毛。

4. 熟胡萝卜雕刻鸡冠,蛋黄糕雕刻爪子。

5. 双色发菜卷、西红柿、腌黄瓜切片摆成山石即成。

特点:用料丰富,造型美观、生动、形象,立体感较强,也是高档宴席常用品种。

“私语(半立体)”拼摆实例见彩插图 7－30。

[例 3－18]寿带争艳(半立体)

用料:火腿肠、蛋白糕、蛋黄糕、腌黄瓜、熟胡萝卜、土豆泥、卤猪肝、心里美萝卜、西红柿。

工具:20 寸白圆盘一个,菜刀一把,雕刻刀 1 把。

制作工艺:

1. 用土豆泥垫出一只寿带鸟的立体造型。

2. 熟胡萝卜雕刻成鸟的尾巴拼摆在盘中。

3. 火腿肠、蛋白糕、蛋黄糕、腌黄瓜、熟胡萝卜、卤猪肝、心里美萝卜分别切成小柳叶片，由尾部向头拼摆出鸟的羽毛。

4. 熟胡萝卜、蛋黄糕分别雕刻成鸟的头冠、爪子点缀。

5. 蛋黄糕、腌黄瓜、卤猪肝也分别切成柳叶片拼摆出鸟的两个翅膀。

6. 另取火腿肠、蛋白糕、蛋黄糕、腌黄瓜、熟胡萝卜、西红柿切成半圆片拼摆成山石。

7. 熟胡萝卜、心里美萝卜、分别切半圆片卷成月季花；蛋白糕切大柳叶片摆成一朵马蹄莲；黄瓜雕刻成花叶点缀即成。

特点：色彩艳丽，用料丰富，造型美观、生动、形象，立体感强，也是高档宴席常用品种。

“寿带争艳（半立体）”拼摆实例见彩插图 7－31。

第四节　大型花色造型拼盘

［例 4－1］大型花色风景拼盘

用料：凉拌菜、火腿肠、蛋白糕、蛋黄糕、腌黄瓜、熟胡萝卜、盐水虾、卤猪肝、卤牛舌、发菜蛋卷、盐水西兰花、卤香菇、红樱桃。

工具：25×40 寸方形镜框一个，广刀、雕刻刀。

制作工艺：

1. 用凉拌菜在镜子的一端垫出两座一大一小的山峰。

2. 将火腿肠、蛋白糕、蛋黄糕、腌黄瓜、熟胡萝卜、卤猪肝、卤牛舌分别切成长方片，并由左向右，由山顶向山底叠摆成形。

3. 盐水虾片薄片与西兰花一同摆在山底点缀。

4. 另取蛋白糕切小柳叶片摆出伫立在山间的一只仙鹤，黄瓜刻腿和嘴，红樱桃切小片做鹤的冠顶。

5. 卤香菇雕刻成树干；黄瓜根切连刀片；在大山顶拼摆一棵小松树。

6. 发菜蛋卷切薄片沿镜框内侧摆一圈即成。

特点：此品种属大型花色拼盘，用料丰富且用量大，色彩艳丽、造型美观，适用于宴席展台。

“大型花色风景拼盘”实例见彩插图 7－32。

［例 4－2］大型花色风景拼盘（半立体）

用料：番茄、蛋黄糕、腌黄瓜、熟胡萝卜、卤猪耳、卤牛舌、盐水西兰花、卤香菇、白口蘑、土豆泥、红樱桃。

工具：25×40 寸方形白盘一个，广刀、雕刻刀。

制作工艺：

1. 将土豆泥在盘子的一角垫出两个竹笋的外形，用胡萝卜和黄瓜、蛋黄糕、卤牛舌切成柳叶片，由上向下拼出笋壳。

2. 番茄、蛋黄糕、腌黄瓜、熟胡萝卜、卤猪耳、卤牛舌、盐水西兰花、卤香菇切半圆片由上到下拼出山石；盐水西兰花撕成小朵点缀在山间。

3. 白口蘑片一半与红樱桃点缀山的一边即成。

特点：是大型花色半立体拼盘，用料丰富多样，造型美观、生动、形象，立体感强，适用于宴席展台。

“大型花色风景拼盘（半立体）”实例见彩插图 7－33。

［例 4－3］大型花色动物拼盘

用料：火腿肠、蛋白糕、蛋黄糕、腌黄瓜、熟胡萝卜、发菜鱼肉卷、番茄、盐水西兰花、发菜卷、卤香菇。

工具：20×30 寸方形红木镜框一个，广刀、雕刻刀。

制作工艺：

1. 用土豆泥垫出两只全立体的黄鹂鸟的外形。

2. 用蛋黄糕雕刻出鸟的尾巴并摆好；再将火腿肠、蛋白糕、蛋黄糕、腌黄瓜、熟胡萝卜切小柳叶片拼摆成鸟的羽毛；另在其身体两侧拼出翅膀。

3. 将黄瓜片皮，雕刻成竹林摆在一只鸟的身边；用卤香菇和胡萝卜雕刻成梅花树摆在另一只鸟的身边。

4. 发菜鱼肉卷、番茄切半圆片摆成山石；发菜卷切块拼摆成花；蛋黄糕切长方条并雕刻角花点缀。

5. 盐水西兰花点缀在山石上即可。

特点：是大型花色立体动物拼盘，立体感极强，制作工艺复杂，造型美观、生动、形象，适用于宴席展台。

“大型花色动物拼盘”实例见彩插图 7－34。

案例分析

陈女士因为儿子刚考上名牌大学要宴请亲朋好友，所以在饭店包了一桌 500 元的中档宴席。餐厅厨师为了表示庆祝，特意用了 30 寸见方的白盘拼摆了一只展翅的雄鹰，寓示着鹏程万里。但受到了顾客的指责和厨师长的批评处罚。

分析：

1. 虽然选择的拼盘图案寓意很好，但盛器太大，属于大型花色拼盘，占满了宴席的桌面，影响了客人的用餐，因此受到了顾客的指责。

2. 由于此拼盘的盛器大，因此用料也多，造成了宴席成本过高，又受到了厨师长的批评与处罚。

◆ 复习思考题

1. 通过单拼、双拼、三拼的技法练习，掌握冷菜的拼摆技巧。
2. 制作两款什锦拼盘。
3. 制作两款花色拼盘。
4. 制作一款大型花色造型拼盘。
5. 依据所学的拼盘技巧，如何进行创新并灵活地运用于实际工作中去。

参考书目

1.《中国烹饪百科全书》，北京，中国大百科全书出版社，1992。

2.《中国烹饪辞典》，北京，中国商业出版社，1992。

3. 杨铭铎:《中国食品雕刻技艺》，哈尔滨，黑龙江科学技术出版社，1994。

4. 闫喜霜:《烹调原理》，北京，中国轻工业出版社，2000。

5. 王子辉:《中国饮食文化研究》，西安，陕西人民出版社，1997。

6. 陶文台:《中国烹饪史略》，南京，江苏科学技术出版社，1983。

7. 郝建琪、朱诚心:《冷菜、冷拼与食品雕刻技艺》，大连，东北财经大学出版社，2003。

8. 朱云龙:《冷菜工艺》，北京，中国轻工业出版社，2000。

9. 王树亭、林承步、胡光旭:《食品雕塑》，济南，山东科学技术出版社，2000。

10. 中央电视台、青岛电视台、中国烹饪协会:《全国电视烹饪擂台赛——满汉全席》第1辑，第2辑，济南，山东科学技术出版社，2005。

11. 林则普:《烹坛精粹——第三届全国烹饪技术比赛个人赛作品集》，北京，中国商业出版社，1994。

12. 汪孝池:《食品雕刻技法与运用》，沈阳，辽宁科学技术出版社，1990。

13. 苏社有:《图解中华食品雕刻技法》，哈尔滨，黑龙江科学技术出版社，2001。

14. 侯根宝:《菜肴围边续集》，上海，上海科学出版社，1997。

15. 中国烹饪协会、日本中国料理协会:《中国烹调技法集成》，上海，上海辞书出版社 。

16. 朱云龙 、周明扬:《中国冷盘》，北京，中国轻工业出版社。

17. 吴振鹏:《创意水果雕切艺术》，北京，中国轻工业出版社。

注:第三章、第六章彩色图片均采用《中国烹调技法集成》。

彩图(5－34——5－41)采用李宾:《西餐盘饰》。

彩图(5－43——5－46)采用《菜肴围边续集》。

读者反馈意见

亲爱的读者：

感谢您对《食品雕刻与盘式设计》的学习和热爱！为了今后能给您提供更优质的服务，请您抽出宝贵时间填写下面意见反馈表，以便我们更好地对本教材做进一步的改进。同时如果您在使用本教材的过程中遇到了什么问题，或者有什么好的建议，也请您来信、来电告诉我们。

地址：北京市丰台区科学城南极星大厦108室

电话：010－83794403/ 83794590

电子邮箱：caikai6223@263. net　　QQ：649319527　　1694299827

网址：WWW. KFHWH. CN

教材名称：《食品雕刻与盘式设计》

个人资料：

姓名：__________年龄：__________所在院校/专业________________

文化程度：____________通讯地址：____________________

联系电话：____________电子信箱：____________________

您使用本书是作为：□指定教材、□选用教材、□辅导教材

您对封面设计的满意度：

□很满意、□满意、□一般、□不满意　改进建议____________________

您对本书印刷质量的满意度：

□很满意、□满意、□一般、□不满意　改进建议____________________

您对本书的总体满意度：

从语言质量角度看：□很满意、□满意、□一般、□不满意

从科技含量角度看：□很满意、□满意、□一般、□不满意

本书最令您满意的是：

□指导明确、□内容充实、□讲解详尽、□实例丰富

您认为本书在哪些地方应进行修改？（可附页）

____

____

您希望本书在哪些方面需进行改进？（可附页）

____

____

3-1 沙爹拌鱿鱼

3-2 芥末鸭掌

3-3 虾子炝芹菜

3-4 炝虎尾

3-5 活炝河虾

3-6 酸辣白菜

3-7 红糟鸡

3-8 醉蟹

3-9 水晶肴蹄

3-10 生熏白鱼

3-11 樟茶鸭

4–1–①

4–1–②

4–1–③

4–1–④

4–1–⑤龙爪菊

4–2–①

4–2–②

4–2–③菊花(旋刻)

4–3–①

4–3–②

4–3–③

4–3–④

4–3–⑤

4–3–⑥西番莲

4–4–①

4–4–②
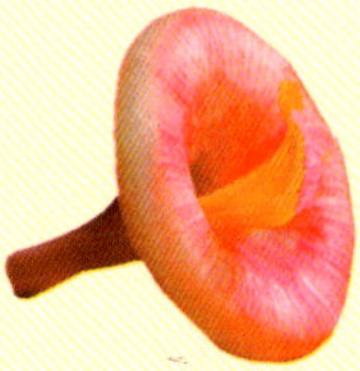
4–4–③喇叭花

4–5–①

4–5–②

4–5–③

4–5–④

4–5–⑤马蹄莲

4–6–①

4–6–②

4-6-③

4-6-④

4-6-⑤

4-6-⑥

4-6-⑦向日葵

4-7-①

4-7-②

4-7-③

4-7-④

4-7-⑤绣球花

4-8-①

4-8-②

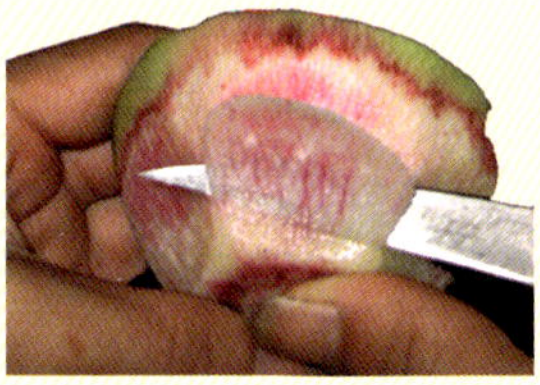

4-8-③

4-8-④

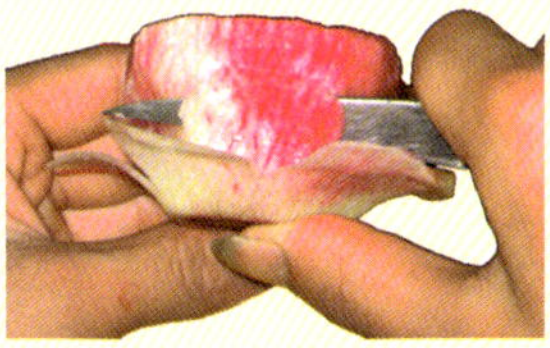

4-8-⑤

4-8-⑥

4-8-⑦

4-8-⑧月季花(直刻)

4-9-①

4-9-②

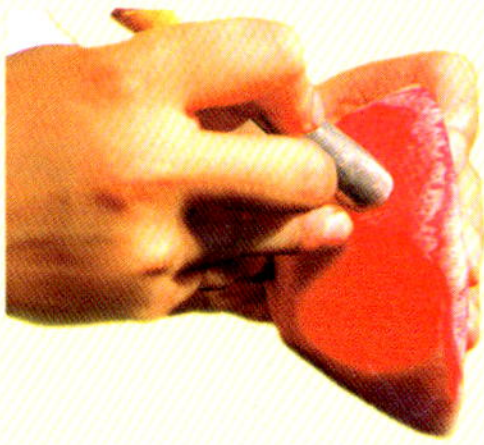

4-9-③

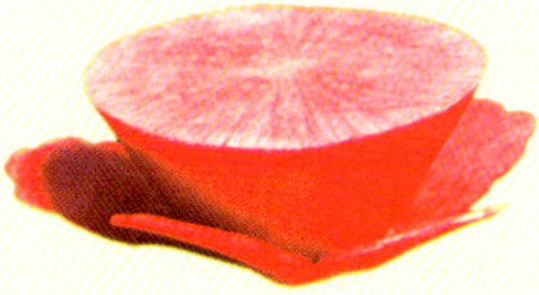

4-9-④

4-9-⑤

4-9-⑥

4-9-⑦

4-9-⑧牡丹花

4-10-①

4-10-②

4-10-③

4-10-④

4-10-⑤

4-10-⑥大丽花

4-11-①

4-11-②

4-11-③

4-11-④

4-11-⑤

4-11-⑥荷花

4-12- ①

4-12-②

4-12-③

4-12-④

4-12-⑤睡莲

4-13-①

4-13-②

4-13-③

4-13-④月季花(旋刻)

4-14-①

4-14-②

4-14-③

4-14-④

4-14-⑤玉兰花

4-15-①

4-15-②

4-15-③

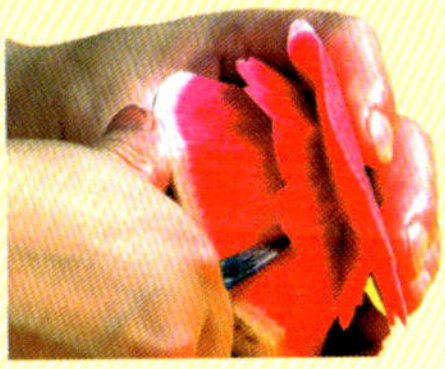
4-15-④

4-15-⑤牡丹花

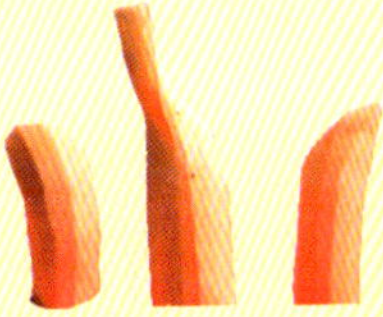
4-16-①

4-16-②

4-16-③

4-16-④

4-16-⑤

4-16-⑥

4-16-⑦仙鹤

4-17-①

4-17-②

4-17-③

4-17-④

4-17-⑤

4-17-⑥长尾鸟

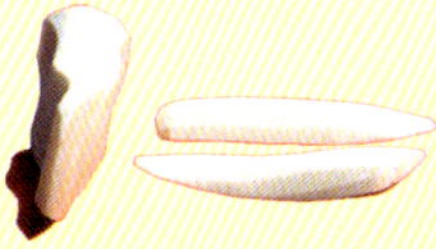
4-18-①

4-18-②

4－18－③

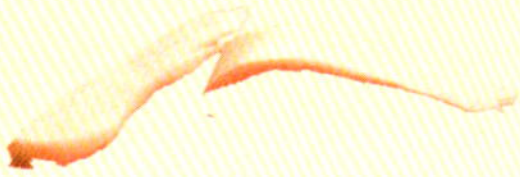
4－18－④

4－18－⑤

4－18－⑥白鹭

4－19－①

4－19－②

4－19－③

4－19－④

4－19－⑤

4－19－⑥

4－19－⑦

4－19－⑧婴鹉

4－20－①

4－20－②

4－20－③

4－20－④

4－20－⑤

4－20－⑥

4－20－⑦孔雀

4－21－①

4－21－②

4－21－③

4－21－④

4－21－⑤

4—21—⑥

4—21—⑦

4—21—⑧雄鹰

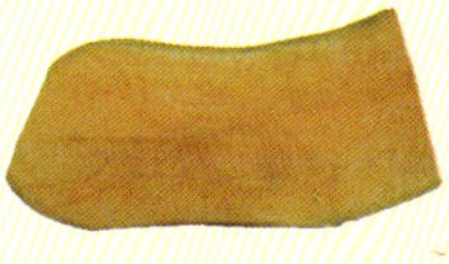
4—22—①

4—22—②

4—22—③

4—22—④

4—22—⑤

4—22—⑥

4—22—⑦骏马

4—23—①

4—23—②

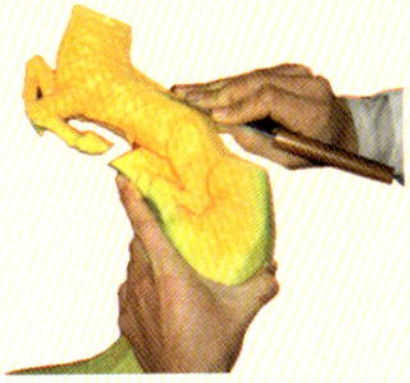
4—23—③

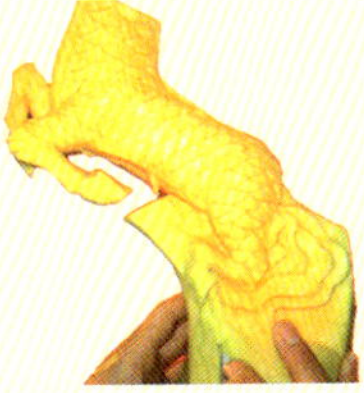
4—23—④

4—23—⑤

4—23—⑥

4—23—⑦

4—23—⑧

4—23—⑨

4—23—⑩

4—23—⑪麒麟

4—24—①

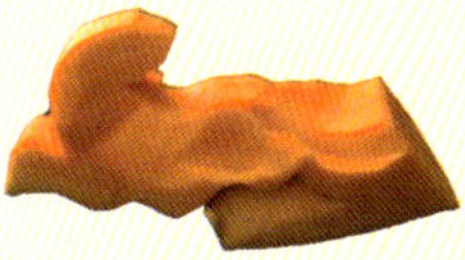
4—24—②

4—24—③

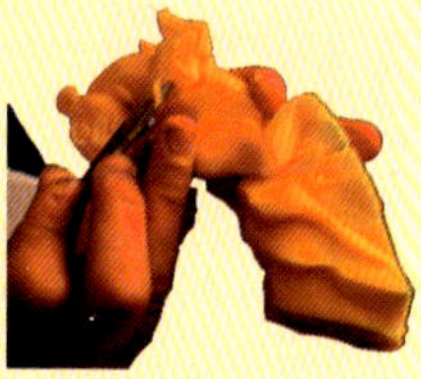
4-24-④

4-24-⑤

4-24-⑥
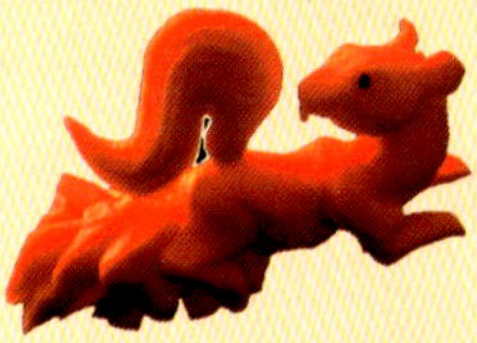
4-24-⑦松鼠
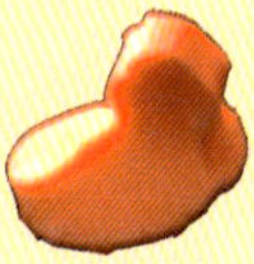
4-25-①

4-25-②

4 -25-③

4-25-④
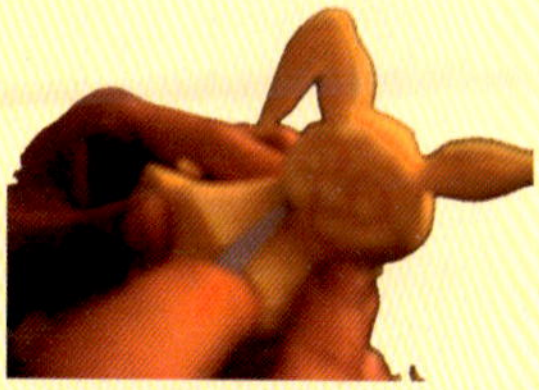
4-25-⑤

4-25-⑥

4-25-⑦

4-25-⑧卡通兔

4-26-①

4-26-②

4-26-③

4-26-④
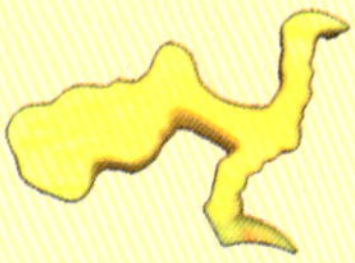
4-26-⑤

4-26-⑥

4-26-⑦

4-26-⑧

4-26-⑨

4-26-⑩龙

4-27-①

4-27-②

4—27—③

4—27—④

4—27—⑤

4—27—⑥

4—27—⑦

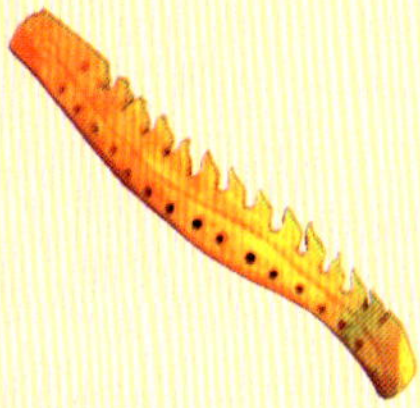
4—27—⑧

4—27—⑨凤凰

4—28 喜鹊头、仙鹤头

4—29 鹅头

4—30 公鸡头、锦鸡头

4—31 天鹅

4—32 鹦鹉

4—33 锦鸡

4—34 雄鹰①

4—35 雄鹰②

4—36 公鸡

4—37 奔马①

4—38 奔马②

4—39 龙头马

4—40 麒麟①

4—41 麒麟②

4—42 恐龙

4—43 海马

4—44 老虎

4－45三羊开泰

4－46龙头

4－47龙①

4－48龙②

4－49龙③

4－50双龙

4－51凤凰①

4－52凤凰②

4－53菱形球

4－54金鱼

4－55扇贝

4－56鲤鱼

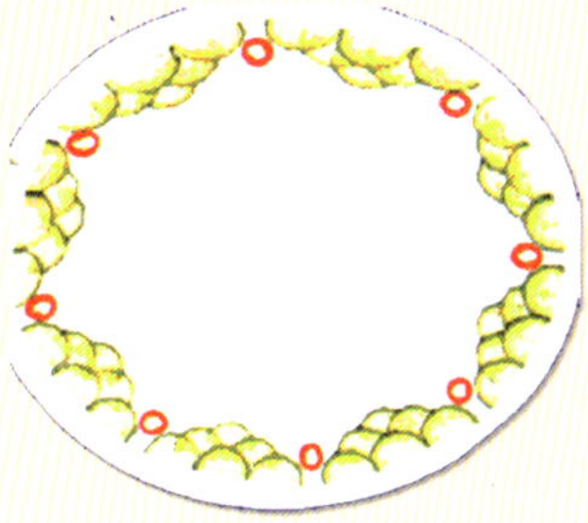

5-1 云山花边

5-2 太极八卦

5-3 万年青

5-4 太极花环

5-5 鳄鱼

5-6 蛙趣

5-7 大红花

5-8 金鱼戏水

5-9 三角菊花

5-10 生日快乐

5-11 双寿图

5-12 双形菊花

5-13 寿桃

5-14 葡萄

5-15 聚宝盆

5-16 椰岛风光

5-17 孔雀开屏

5-18 双鸭戏水

5-19 和平鸽

5-20 仙鹤迎春

5-21 鲤鱼跃龙门

5-22 金鱼

5-23 椰林风光

5-24 雄鸡出山

5-25 天鹅乐

5-26 鸟语花香

5-27 松鼠

5-28 骏马奔腾

5-29 鹦鹉

5-30 腾龙

5-31 天女散花

5-32伏狮罗汉

5-33 嫦娥

5-34香草

5-35五彩寿司

5-36生鲜彩果

5-37 小花绿叶

5-38 莳萝果球

5-39 什锦花开

5-40 青果红心

5-41 火龙红珊

5-42 牡丹花开

5-43 并蒂莲

5-44 勤劳

5-45 顶绣球

5-46 金龙鱼

5-47 展台——“鱼跃龙门”

5-48 展台——“中华腾龙宴”

5-49 展台——“腾飞”

5-50 展台——“跨越”

5-51 展台——“飞翔”

6-1 花型盘——“心花怒放”

6-2 象形盘——“飞蝶”

6-3 凹型盘——“葵花向日”

6-4 腰型盘——“虹桥赠珠”

6-5 方型盘——“姹紫嫣红”

6-6 组合盘——“样样可爱”

6-7 高脚型盘——“夏之韵”

6-8 圆型盘——“春光乍泄”

6-9 方型盘——“婀娜多姿”

6-10 重叠型盘——“华夏大地”

7—1 桥形单拼

7—2 花形单拼①

7—3 花形单拼②

7—4 柴垛形单拼

7—5 动物形(奔马)单拼

7—6 大丽花

7—7 三拼①

7—8 三拼②

7—9 什锦拼盘①

7—10 什锦拼盘②

7—11 什锦四角拼盘

7—12 什锦七星拼盘

7—13 什锦梅花拼盘

7—14 旭日东升

7—15 秋硕

7—25 蝶恋花

7—26 争鸣

7—27 仙鹤展翅

7—28 梅竹锦鸡(立体)

7—29 鸟语花香(立体)

7—30 私语(立体)